AF502644

PRINCIPES

DE L'ORDONNANCE

ET

DE LA CONSTRUCTION DES BATIMENS.

PREMIÈRE PARTIE.

73

V 1510

10

V

9000

PRINCIPES
DE L'ORDONNANCE
ET
DE LA CONSTRUCTION DES BATIMENS;

AVEC

DES RECHERCHES SUR LE NOUVEAU PONT DE PARIS, CONSTRUIT PAR PERONNET,

ET

SUR LE TEMPLE ÉLEVÉ DANS CETTE CAPITALE SELON LES DESSINS DE SOUFFLOT.

PAR CHARLES-FRANÇOIS VIEL,
ARCHITECTE DE L'HOPITAL GÉNÉRAL.

PREMIÈRE PARTIE.

A PARIS,
CHEZ { L'AUTEUR, RUE DU FAUBOURG S. JACQUES, No. 123.
{ PERRONNEAU, IMP.-LIBR., RUE DES GRANDS AUGUSTINS, N°. 14.

M. DCC. XCVII.

A MON FRERE,

ARCHITECTE.

Toi, le compagnon fidèle de mes études dans les arts, avec qui j'ai reçu les premières leçons du dessin; toi, l'actif et le zélé coopérateur de mes travaux, dans l'exécution des différens édifices publics que j'ai construits; toi, qui les as surveillé également, et avec courage pour en obtenir la perfection : reçois l'offrande de l'ouvrage que t'adresse aujourd'hui ton frère et ton ami ; de cet ouvrage entrepris pour l'honneur des arts, et de ceux qui les exercent.

CHARLES-FRANÇOIS VIEL.

AVANT-PROPOS.

MALGRÉ *les malheurs qui affligent aujourd'hui la France, et l'Europe entière, dont les beaux arts éprouvent les terribles effets; malgré les dégoûts sans nombre qui abreuvent ceux qui les cultivent; néanmoins, les artistes en tous genres chercheront toujours leur consolation dans le commerce de celles des muses auxquelles ils auront consacré leurs veilles. D'ailleurs, il faut croire que les désastres affreux, dont notre patrie fait une expérience particulière, cesseront. Bientôt, sans doute, car nous avons tous besoin d'un pareil espoir, la France recouvrera une paix durable. Alors, au sein du repos et sous un gouvernement régulier, il naîtra encore de nouveaux sujets, qui, dans la carrière des arts, le disputeront en gloire à ceux qui les ont précédés.*

C'EST *dans cette persuasion, quoiqu'au milieu moi-même, des contrariétés et des obstacles de tous les genres qu'il m'a fallu vaincre, que je me suis décidé à terminer un ouvrage dont le plan a été conçu depuis long-tems. J'ai cru pouvoir mettre au jour des principes d'après lesquels je me suis dirigé dans la composition et l'exécution des bâtimens et publics et particuliers que j'ai construits depuis dix-sept ans. Je me suis flatté qu'une pareille collection de règles sur l'architecture, extraites des sources les plus pures, appuyées de l'examen critique des édifices les plus remarquables, seroit de nature à fixer l'attention de tout lecteur éclairé.*

Je dois annoncer que je travaille à une seconde partie, laquelle contiendra les différens monumens érigés sur mes dessins. Le plus grand nombre des planches en est déja gravé.

L'accueil favorable que donna le public en 1779, à mon projet d'un monument consacré à l'histoire naturelle et tracé sur le terrein du jardin des plantes, me livre à l'espoir que le travail étendu, que je lui soumets aujourd'hui, pourra obtenir le même succès. Dans ce cas, je serai d'autant plus encouragé à publier la seconde partie, complément du présent ouvrage.

DISCOURS

DISCOURS PRÉLIMINAIRE.

Tous ceux qui ont traité des sciences et des beaux arts, nous ont fait sentir leur heureuse influence sur le corps politique, et combien il étoit nécessaire d'être instruit de leurs principes : aussi ont-ils remarqué, que dans l'état d'ignorance, les hommes méritent à peine le nom d'hommes, puisque l'ignorance qui confond tout, est capable d'abuser de tout.

Pour remédier aux maux qui en résultent, il faut donc mettre l'homme en état de prévenir l'erreur de ses jugemens sur les arts, ainsi que sur tous les objets qui l'environnent. Par-là, dissiper les obstacles qui s'opposent aux progrès des sciences et des talens; et, par une suite nécessaire, à ses jouissances et à son bonheur. Nous ne devons nous attendre à perfectionner les arts, qu'en travaillant sérieusement à nous éclairer sur leur nature; et nous n'obtiendrons ces lumières utiles, qu'en dissipant les préjugés, où nous tient enchaînés l'ignorance de leurs principes. Il résultera de cette application donnée aux principes des arts, une grande utilité et pour le jeune artiste qui veut se former, et pour l'amateur lui-même qui desire se rendre compte de ses jugemens. Si ce dernier ne parvient pas par cette étude à se rendre infaillible, toujours est-il vrai qu'il ne se trompera pas d'une manière nuisible à ses intérêts propres.

Nous avons en vue, dans cet ouvrage, l'instruction d'un ordre de citoyens qui, par état, est dispensé, à la vérité, d'approfondir des principes dont la pratique lui est étrangère, mais à qui son intérêt personnel rend souvent la connoissance de ces principes utile, pour ne pas dire nécessaire. Nous pouvons l'assurer, en lui présentant ce travail, qu'il ne lui en coûtera pas beaucoup pour acquérir des lumières sur la science que nous traitons et parvenir à en être un juge et un amateur éclairé. Nous lui offrirons les élémens les plus essentiels de cet art, nous lui donnerons sur chacun d'eux les idées les plus claires; et cette étude, qui exige une grande assiduité de ceux qui se livrent à la profession d'architecte, ne sera point assujettissante pour l'amateur (la connoissance des termes ne doit point l'effraier, c'est une notion courte et facile à retenir) (1), et nous osons lui promettre que cette connoissance lui procurera de la satisfaction et des jouissances réelles, en le conduisant à la lumière et lui découvrant de nouvelles vérités.

Il n'est point inutile d'observer ici ce qui introduit les arts et les sciences chez les différens peuples. Lorsqu'une nation n'est encore qu'à son berceau, qu'elle ne commence qu'à se former et à s'étendre, communément, les arts et les sciences lui manquent; et tant qu'elle est privée de cette lumière, nous la voyons enveloppée dans le cahos le plus affreux. Ce n'est alors que par la force des armes et au milieu du sang et du carnage, que ce

(1) Nous nous proposons de donner, à la suite de cet ouvrage, une table raisonnée des différens termes propres à l'architecture.

peuple nouveau s'efforce de s'agrandir et de s'assurer un état fixe en se rendant redoutable à ses voisins.

« Rome, selon la remarque d'un écrivain célèbre, étant une ville sans commerce, et presque sans arts, le pillage étoit le seul moyen que les particuliers eussent pour s'enrichir » (1).

Mais dès qu'un peuple est parvenu au terme de la stabilité dans son système politique, ne trouvant plus d'aliment à son activité meurtrière, il cherche dans les sciences et dans les arts un charme plus délicat et un profit plus solide que celui du butin et des conquêtes, et y trouve réellement des moyens d'accroissement et de conservation.

« Quand on fut las de s'entre-nuire, et qu'ayant appris par une funeste expérience, qu'il n'y avoit que la vertu et la justice qui pussent rendre heureux le genre humain, on eut commencé à jouir de la protection des loix; le premier mouvement du cœur fut pour la joie. On se livra aux plaisirs qui vont à la suite de l'innocence; le chant et la danse furent les premières expressions du sentiment : et ensuite le loisir, le besoin, l'occasion, le hasard donnèrent l'idée des autres arts et en ouvrirent le chemin » (2).

La naissance et les progrès des diverses républiques chez les anciens, nous fournissent les preuves les plus complettes de

(1) Grandeur et décadence des Romains, tome VI, p. 7.

(2) Les beaux arts réduits à un principe, t. I, ch. 3, p. 72, par Le Batteux.

cette vérité, et nous retrouvons les mêmes preuves dans l'histoire de l'établissement et des accroissemens de tous les peuples modernes de l'Europe.

Si cependant on se croyoit en droit de reprocher à un peuple policé par les arts, que l'astuce et la fraude succèdent chez lui à la férocité et à la barbarie, ce seroit l'abus de la science et de l'art, ce n'en seroit point l'effet; et d'ailleurs chez ce peuple, les loix sauroient bien arrêter le progrès de la corruption et corriger l'abus des connoissances humaines, sans anéantir néanmoins les sciences et les arts, ces fruits heureux de notre intelligence.

« La société, dit l'abbé Dubos, qui exclueroit de son sein tous les citoyens dont l'art pourroit être nuisible, deviendroit bientôt le séjour de l'ennui » (1). Et l'éloquent citoyen de Genève lui-même nous fait entrevoir un danger plus réel, quand il dit que : « les mêmes causes, qui ont corrompu les peuples, servent quelquefois à prévenir une plus grande corruption. C'est ainsi, ajoute-t-il, que les arts et les sciences, après avoir fait éclore les vices, sont nécessaires pour les empêcher de se tourner en crimes; elles les couvrent au moins d'un vernis qui ne permet pas au poison de s'exhaler aussi librement » (1).

Le grand nombre d'excellens ouvrages de toute espèce et en tout genre, soit dans les hautes sciences, soit dans la littérature

(1) Réflexions sur la poésie, tom. I, sect. 5, p. 48 et 51.

(2) Maximes diverses, p. 363.

agréable, ont exercé avec tant d'avantage l'esprit de la nation françoise qu'il semble qu'elle doit être, depuis plus d'un siècle, accoutumée à ne lire dans le cabinet que de bons livres, et à ne voir représenter sur le théatre que les chefs-d'œuvre de Corneille, de Racine, de Molière, de Crébillon et de Voltaire. malgré le succès de certaines pièces sur la scène, et, dans le particulier, de plusieurs ouvrages médiocres, il m'est permis de conclure que les préceptes de nos savans littérateurs ont produit d'heureux effets, et qu'il ne tient qu'à ceux qui écrivent après eux d'en faire l'application dans leurs ouvrages, et à ceux qui ne font que les lire pour leur instruction, d'étendre la sphère de leurs connoissances et de perfectionner leur goût et leur jugement.

Ce sont ces préceptes, ces lumières puisées dans les livres des grands écrivains, qui m'ont persuadé de la possibilité d'instruire et d'éclairer sur l'architecture tout homme en général qui joint à une heureuse organisation, une éducation solide; et pour y réussir, il ne s'agit que de lui apprendre à s'exercer sur les grandes productions de cet art, en le dirigeant dans l'examen qu'il doit faire, et des principes qui le constituent, et de l'application qu'on en a faite dans les édifices que l'on expose à ses yeux. Je puis appliquer à l'architecture ce que Buffon dit à l'égard de l'étude de l'histoire naturelle : « en se familiarisant avec les mêmes objets, en les voyant souvent, et, pour ainsi dire, sans dessein, ils forment peu à peu des impressions durables, qui bientôt se lient dans notre esprit par des rapports fixes et invariables. »

Eh, quel art a plus droit d'intéresser l'homme riche, le grand propriétaire, que celui de l'architecture! c'est sur lui que je me propose de fixer spécialement l'attention de mes lecteurs.

Quelle ressource en effet pour tout possesseur de maisons ou de terres de se mettre à portée de reconnoître la nature et l'étendue de ses domaines, dans les différentes figures que lui présentent les plans qui en ont été dressés. Cette science encore ne sera point étrangère au magistrat lui-même qui tous les jours prononce sur des différends entre des propriétaires. Cette étude lui facilitera les moyens de connoître par lui-même, l'état de la question soumise à son jugement. « Si les grands, dit Chambrai, veulent considérer la nécessité qu'ils ont des arts, particulièrement de celui-ci.... Il y a grande apparence qu'on les verra refleurir encore à présent et renaître, pour ainsi dire, de nouveaux antiques. »

L'histoire nous apprend que plusieurs grands hommes de l'antiquité, des souverains même, ont senti l'utilité de cette connoissance, et qu'ils ont étudié avec succès les principes d'où dérivent les beaux arts, et particulièrement celui dont nous parlons.

Périclès (1), sous le gouvernement duquel on vit fleurir à

(1) Plutarque s'explique ainsi sur ce sujet : « ce qui donna plus de plaisir et adjouta plus d'ornement à la ville d'Athènes, qui apporta plus d'esbahissement aux étrangers, et qui seul porte suffisant témoignage, que ce que l'on dit de l'ancienne puissance, richesse et opulence de la Grèce, il n'est point chose

Athènes tous les genres de sciences, aima tellement l'architecture dont il avoit étudié avec soin les règles, qu'il fit exécuter sur ses propres dessins l'Odéon, amphithéatre où se rassembloient les musiciens qui se disputoient le prix.

L'EMPEREUR Adrien, si connu par le nombre prodigieux de monumens qu'il fit construire, ce prince, que l'on doit regarder comme le restaurateur de l'ancienne Athènes, se piquoit d'avoir de très-grandes connoissances en architecture, et composa lui-même un temple en l'honneur de Vénus (1).

MAIS sans remonter si haut dans l'antiquité, nous voyons depuis trois siècles une protection sensible accordée aux arts, qui honorent autant les artistes que les souverains mêmes qui leur ont témoigné leur estime; et, de nos jours, les rois Frédéric et Georges III s'en sont occupés avec le plus grand intérêt. Le

fausse, c'est la magnificence des ouvrages publics que fit faire Périclès. »

« Quant au théatre ou auditoire de musique destiné à ouir les jeux des musiciens, qui s'appelle Odéon... on dit qu'il fût fait sur le patron et à la semblance du pavillon du roi Xerxès, et que Périclès en bailla le devis et l'ordonnance. » Vie de Périclès, version d'Amiot, tom. I, p. 157.

Les ruines de cet édifice se voyent encore à Athènes; elles se trouvent dans la collection précieuse des monumens de la Grèce, par David Le Roy.

(1) Athènes renferme les ruines du Panthéon d'Adrien. Ce temple diptere décastyle et d'un ordre corinthien, étoit l'un des plus magnifiques de ceux qu'ont érigés les anciens; la largeur totale étoit de 26 toises 2 pieds, et la longueur 54 toises; il offroit 120 colonnes à son extérieur ayant 5 pieds 11 pouces 6 lignes de diamètre.

premier de ces deux monarques a fait bâtir sur ses plans une chapelle pour la sépulture des rois de Prusse; le second n'a pas cru avilir la majesté royale en s'assujettissant à un cours complet d'architecture (1).

Nous ne nous appuyons de ces illustres exemples que pour inviter nos lecteurs à marcher sur les traces de tant de grands hommes. « L'architecture civile, dit Pingeron, devroit entrer avec le dessin dans l'éducation de toutes les personnes bien nées. Outre l'étendue que cette science donne à l'esprit, elle développe le goût et fait contracter l'habitude de comparer et de combiner. L'étude aride de la géométrie ne produit qu'une partie de cet effet, l'architecture seule réunit l'utile et l'agréable » (2).

Comment se fait-il en effet, que la connoissance de l'architecture ne fasse point partie de l'éducation de tous les citoyens opulens? On croit utile de leur donner une teinture de la géométrie et du dessin en général, que leur reste-t-il de ces deux sortes d'études? Quelques règles de l'arithmétique sont le fruit de la première de ces deux connoissances; et le foible talent de copier imparfaitement un paysage, est le résultat de la seconde. Ne pouvons-nous pas dire que l'étude de l'architecture deviendroit, en quelque sorte, le point de ralliement de ces deux arts,

(1) Sous M. Chambert, contrôleur-général de ses bâtimens.

(2) Vies des architectes, p. xivj. Cet ouvrage fait honneur au goût et au jugement de Pingeron sur les arts; il est de la classe peu nombreuse des écrivains qui ont parlé des arts avec succès.

et

et assureroit le fruit de l'un et l'autre. L'élève verroit l'application de la valeur des triangles dans la levée des plans; l'architecture, en le forçant à rendre sur le papier les opérations faites sur le terrein, lui feroit faire du dessin l'usage le plus agréable et le plus utile.

Il n'est donc point déraisonnable de croire qu'il est possible d'instruire sur cet objet l'homme qui déja formé par une bonne éducation, est généralement avide d'un nouvel ordre de jouissances. Quand l'expérience de tous les tems ne confirmeroit pas cette assertion, une épreuve qui nous est personnelle, nous en a démontré la vérité (1). Mais « dans tous les arts il faut apprendre avant de pouvoir admirer. La sensation marche d'un pas égal avec le jugement, et ce n'est qu'en ayant beaucoup de connoissances qu'on a beaucoup de plaisir » (2).

« Les hommes, d'ailleurs, sont heureux à proportion qu'ils sont délivrés de plus de maux et à proportion qu'ils sentent plus de plaisir.... l'augmentation du nombre ou de la durée de leur plaisir, c'est ce qui peut leur être plus utile pour augmenter leur félicité » (3).

(1) Nous voulons parler ici des succès en architecture, d'un amateur très-connu, Davy Chavigné.

(2) Préface de la Dissertation sur le jardinage de l'Orient; à Londres, chez Griffin, 1772, par M. Chambers.

(3) De l'Instruction publique, à Stockholm et chez Didot l'aîné, an 1775.

L'ÉTUDE des arts procurera cette augmentation. Toutes les productions du génie sont pour ceux qui s'appliquent à les connoître une source de plaisirs variés. « Ceux qui jugent avec goût des ouvrages d'esprit, ont et se sont fait une infinité de sensations que les autres hommes n'ont pas » (1).

MAIS, dira-t-on, il faut que l'artiste et l'amateur connoissent les règles plus par sentiment encore que par théorie; ce tact est plus fin et plus sûr que celui que produiroit l'étude sèche des principes. L'on ne pourra nier cependant que c'est l'union de l'étude et du goût qui peut seule faire un véritable artiste. Car, d'un côté, quelqu'inspiré qu'il puisse être par les chefs-d'œuvre de son art lorsqu'il les consulte, le génie et l'imagination le conduiront toujours d'une manière incertaine tant qu'il manquera de principes; et d'un autre côté, ces principes eux-mêmes servilement suivis, laisseront à desirer le goût qui auroit dû présider à leur application; mais s'il réunit l'un et l'autre, l'artiste ne laissera plus à souhaiter à l'amateur éclairé, pour me servir de la pensée de Pingeron, qu'une routine aveugle cesse de présider à l'architecture, le plus beau et le plus noble de tous les arts; et qui en France n'est presque plus, dit cet auteur, qu'un métier en proie à la cupidité du premier entrepreneur (2).

(1) Essai sur le goût de Montesquieu, tom. VI, p. 408. Amsterdam 1761.

(2) Préface de la Vie des Architectes.

Outre la connoissance des principes, je desirerois à l'artiste un attachement inébranlable à ces principes mêmes. Deux motifs bien puissans doivent le lui inspirer. Le premier est la lenteur avec laquelle l'esprit humain parvient à la connoissance du vrai beau; les tentatives mêmes que nous faisons pour nous en rapprocher, ne font souvent que nous en éloigner davantage, ou du moins nous y conduisent par des détours infinis qui nous égareront nécessairement, si nous n'avons pas une règle qui fixe nos recherches; et les principes sont cette règle. Le second motif, et qui est commun à toutes les sciences et à tous les arts, est l'abus que l'on peut faire des plus heureuses découvertes. L'expérience prouve que les hommes dès qu'ils sont parvenus au terme des connoissances les plus sublimes ou les plus étendues; ne pouvant améliorer, étendre, ni perfectionner les productions qui sont l'effet de leurs découvertes; alors ils altèrent, ils abandonnent ces principes, où se font des règles arbitraires, capables d'égarer ceux qui les consultent dans leurs ouvrages; et c'est ce que nous verrons bientôt. Mais quand on ne courroit pas ces risques, qui sont presqu'inévitables; sans la connoissance des principes, l'on sera réduit à une lente et monotone imitation dont l'effet est toujours incertain. Or, cette vérité est d'autant plus à remarquer à l'égard de l'architecture, que l'imitation que cet art emprunte de la nature, n'étant pas aussi directe que dans la peinture et la sculpture, il lui est indispensable d'avoir des principes fixes qui soient la source du vrai beau dont il est capable.

Nous ne prétendrons point asservir l'artiste par une foule de règles, ni fatiguer l'amateur qui veut cultiver les arts par un amas de principes capables de le dégoûter de cette étude. Notre dessein est, au contraire, de fortifier dans le premier, le génie par la connoissance des règles, et de rendre par cette même connoissance le goût du second assez sûr, pour faire le discernement du beau, d'avec le bas et le mesquin dans l'ouvrage d'un artiste. L'on ne peut douter « que plus un homme est chargé de fers, plus aussi sa marche devient pénible et lente... Qu'il en est de même de l'ame comme du corps : qu'elle n'est capable de grands efforts et d'élévation, qu'autant qu'elle est pleinement libre » (1).

Indépendamment du goût décidé qui nous attache à l'architecture, nous ne lui donnerons pas le premier rang sur les hautes connoissances. Il ne s'agit point de discuter ici la prééminence respective des sciences et des beaux arts entre eux, quoiqu'en général un préjugé naturel nous dicte que la partie des arts ou des lettres que nous avons adoptée, est la plus utile et la plus importante, soit parce que l'amour-propre nous inspire ce préjugé, soit parce que l'étude que nous avons faite de cet art ou de cette science, nous en rend les beautés plus sensibles.

Bannissons cette prévention injuste qui engage si souvent un

(1) De l'instruction publique. Ouvrage déja cité.

artiste à élever son art au-dessus de tous les autres, à le préférer encore aux sciences les plus distinguées. Croyons, au contraire, que tout ce qui concourt au bien de la société doit en quelque sorte marcher de front, et que le devoir des artistes est de s'entr'aider mutuellement pour procurer le bien public. Il seroit aussi ridicule à un artiste de dépriser les sciences purement intellectuelles, qu'il le seroit à un savant de penser que ceux qui cultivent les arts ne sont que de vrais mécaniciens; que le peintre ne peut travailler s'il n'a sa palette et ses brosses à la main; que le statuaire tire tout son mérite d'un maillet et d'un ciseau, et que l'architecte est à peine élevé d'un degré au-dessus de cette foule d'ouvriers qu'il commande, que tout son talent consiste à entasser pierre sur pierre; et pour me servir de la pensée d'Isocrate, « comme si on alloit ranger dans la classe des ouvriers en figures de plâtre, Phidias, célèbre par la grande statue de Minerve, ou confondre Zeuxis et Parrhasius avec les peintres de panneaux et d'enseignes » (1). Au reste, nous conviendrons avec Chambers, que « les productions de chaque art et de chaque science ont toutes leurs classes séparées d'admirateurs, qui seuls y prennent plaisir en y attachant une grande valeur; le reste du monde les regarde avec indifférence, quelquefois même avec dégoût. »

Mais toujours les vrais savans auront entr'eux des rapports

(1) Discours sur l'échange, tom. III, p. 32, de la traduction d'Athanase Auger.

communs, toujours ils se regarderont comme membres d'une même république. Leurs principes, leur goût, leur génie, leur expérience deviendront pour eux un point de ralliement, et ils se défendront de ces prétentions particulières, de cet isolement dangereux qui ont dans tant de circonstances préparé l'affoiblissement et même la chûte des plus florissans états.

PRINCIPES DE L'ORDONNANCE ET DE LA CONSTRUCTION DES BATIMENS;

AVEC

DES RECHERCHES SUR LE NOUVEAU PONT DE PARIS, CONSTRUIT PAR PERONNET,

ET

SUR LE TEMPLE ÉLEVÉ DANS CETTE CAPITALE SELON LES DESSINS DE SOUFFLOT.

DE L'ARCHITECTURE.

Je sais que deux choses sont importantes, quand on veut donner les principes d'un art; la netteté dans les idées pour se bien faire entendre, et la certitude des règles qu'on présente à ceux qu'on desire instruire.

C'est pourquoi voulant me rendre intelligible, j'exposerai d'abord quels sont les principes fondamentaux et communs à tous les arts, et quelle est la base de ces principes.

J'OBSERVERAI en passant, quels furent les progrès et les révolutions des arts chez les nations qui les ont le plus cultivés; et m'attachant ensuite à l'architecture qui est mon objet, je dirai quels ont été ses commencemens, ses accroissemens et ses progrès dans les parties principales qui la composent et qui la constituent essentiellement.

CHAPITRE

CHAPITRE PREMIER.

De la véritable source des règles.

Quels sont les principes des arts en général, et quels sont leurs communs rapports?

Je définirai l'art en général avec Lebatteux : « une collection ou un recueil de règles pour faire bien, ce qui peut être fait bien ou mal; car ce qui ne peut être fait que bien ou que mal, n'a pas besoin d'art » (1).

Les arts se divisent en deux branches différentes. La première embrasse ceux qui ont pour objet nos besoins, et c'est ce qu'on appelle les arts mécaniques. La seconde renferme ceux dont la fin est de multiplier nos plaisirs, on les appelle beaux arts par excellence.

La nature est tout à la fois la source, la fin et la règle des arts.

Les arts mécaniques destinés à remplir nos besoins, employent et façonnent les matières premières que leur offre la nature dans ses riches et inépuisables productions.

Les beaux arts, pour nos plaisirs, empruntent de cette mère

(1) Les beaux arts réduits à un principe, tom. I, ch. 1.

féconde, les rapports harmonieux et les combinaisons heureuses d'où naît le charme délicieux qu'ils nous font éprouver.

SANS embrasser les innombrables modèles que la nature nous offre, si l'on porte seulement des regards attentifs sur les proportions que l'homme, l'une de ses plus belles productions, rassemble dans toutes ses parties; l'on y découvre dans leurs distributions une piquante variété; dans les formes, une noblesse et une élégance qui étonnent et qui en imposent; dans l'ensemble, une richesse progressive des pieds à la tête; des rapports harmonieux et une symétrie exacte entre les parties semblables; le type enfin du vrai beau.

C'EST de la nature encore que l'artiste emprunte le moyen de fixer ses conceptions. En effet, observons les procédés qu'elle employe dans la formation des êtres. Veut-elle produire un animal quelconque, elle commence par en modeler la tête, et à faire sentir les traits les plus apparens du visage. Le nez n'est d'abord qu'un petit filet prééminent et perpendiculaire à une ligne qui indique la séparation des lèvres; on voit deux points noirs à la place des yeux, deux petits trous à celle des oreilles, etc. (1).

AINSI, et à l'exemple de ce grand maître, le peintre et le statuaire esquissent leurs sujets, et n'en tracent que les parties principales. De même aussi, l'architecte, dans ses premiers dessins, ne fait qu'indiquer les grandes masses d'un édifice qu'il projete d'exécuter.

LES principes que nous établissons ici sur les arts, sont applicables à toutes les sciences dont les productions ne peuvent

(1) Encyclopédie, tom. VII, p. 1.

nous plaire qu'autant que leurs diverses parties ont un rapport juste et naturel dans les différens touts qu'elles composent. Mais les beaux arts, les sciences et les lettres marchent toujours de front; toutes ces connoissances ont entre elles des rapports nécessaires, et leur progrès influera toujours sur celui des arts mécaniques, il faut donc que les arts profitent des découvertes des sciences et qu'ils se prêtent entre eux un secours mutuel. Ainsi, que l'optique éclaire la peinture, la sculpture et l'architecture dans leurs distributions; que l'histoire leur fournisse des sujets; que la poésie les échauffe et les inspire, et que la géométrie, nécessaire à ces trois arts, présente spécialement à l'architecte, dans ses calculs, un guide qui dirige surement sa marche dans l'exécution de ses projets, d'où nous pouvons conclure que l'imagination et le goût réunis, sont la base essentielle des beaux arts.

L'imagination est cette faculté créatrice que l'étude met en valeur; c'est elle qui fait trouver à l'artiste des dispositions et des règles particulières tirées du fond même du sujet qu'il traite. Le goût est une connoissance déterminée de ces mêmes règles, et qui éclaire le génie dans leurs applications; ou, comme le définit un grand homme de nos jours, « le goût n'est que la faculté de juger de ce qui plaît ou déplaît au plus grand nombre » (1); car les règles sont fixées par le consentement unanime de tous les peuples éclairés. L'imagination enfin est le sentiment qui crée, et le goût le sentiment qui juge.

L'imagination et le goût se manifestent dans une production, lorsque l'objet qu'elle nous présente, est composé selon le genre et la convenance; et pour faire l'application de ce principe à

(2) J. J. Rousseau, Maximes diverses, p. 324.

l'architecture, lorsque dans un projet le plan nous offre une distribution heureuse et une juste proportion, de laquelle naît un rapport intime dans toutes les parties; si, d'ailleurs, le caractère en est prononcé, soutenu, que les effets en soient plus ou moins grands, majestueux ou agréables, terribles même, ou simplement commodes, mais toujours d'une grande manière et selon la fin qu'a dû se proposer l'artiste, alors il en résultera un ouvrage parfait, et souvent un chef-d'œuvre, parce que l'imagination et le goût y auront présidés.

Mais il a fallu que les peuples qui ont découvert les élémens qui constituent ces différens arts, fussent parvenus à un état de stabilité dans leur système politique, pour donner à ces mêmes arts des règles fixes et presqu'immuables, et à proportion que ces peuples sont devenus plus florissans, les arts ont fait des progrès plus rapides; aussi pour peu que nous comparions leurs progrès avec l'histoire des nations qui les ont cultivés, nous les verrons essentiellement liés à la fortune de ces peuples.

C'est, comme nous le verrons bientôt, aux républiques les plus florissantes de l'antiquité, que nous sommes redevables des plus belles découvertes; et les artistes modernes, marchant sur les traces de ces pères des sciences et des arts, n'ont cru pouvoir s'assurer une réputation durable, qu'en s'assujettissant aux mêmes principes : guidés par ces savans modèles, si quelquefois ils ont été plus loin, s'ils se sont fait en quelque sorte de nouveaux principes à eux-mêmes, c'est qu'en suivant pas à pas le flambeau que ces grands maîtres portoient devant eux, ils ont decouvert de nouvelles vérités.

Ces principes et ces règles une fois acquis, les observations et les comparaisons doivent suivre. Sans elles toutes les définitions ne feroient que de foibles impressions sur notre ame; elles seroient impuissantes à déterminer notre jugement. Les comparaisons et les observations sont le moyen le plus sûr pour étendre les limites de chaque art, la lumière la plus certaine pour éclairer l'amateur sur le vrai beau et le motif le plus puissant pour déterminer l'artiste dans ses productions.

Il faut dans toutes les sciences peu de préceptes, mais beaucoup d'exemples ; ils instruisent davantage, et s'impriment mieux dans le cerveau : ainsi, les œuvres de Palladio, que nous a conservé la gravure, éclairent bien plus sur l'architecture que les nombreux écrits de J. F. Blondel; l'on pourroit même reprocher à cet artiste, ce que Quintilien observe sur les rhéteurs de son tems, qu'ils entroient dans un détail de préceptes très-long et souvent inutile.

Cette ressource des observations et des comparaisons manqua long-tems aux savans et aux artistes, lorsque les sciences et les arts commencèrent à se renouveller. L'homme de lettres avoit alors à s'assurer de l'authenticité des écrits des anciens et à épurer les textes mêmes que l'ignorance avoit altérés. Les artistes étoient assujettis à des travaux plus pénibles encore ; le peintre, le sculpteur, l'architecte, pour retrouver les restes précieux de l'antiquité, étoient obligés de les aller chercher sous d'immenses décombres où ils étoient ensevelis ; il falloit que ces derniers sur-tout, fussent assez courageux pour s'enterrer vivans sous les ruines des monumens anciens, pour y étudier les proportions et en connoître la construction.

De nos jours, les arts ne trouvent plus ces obstacles à vaincre ; le grand nombre de chefs-d'œuvre, fruits précieux du génie, du goût, de la noble hardiesse de nos grands maîtres, nous présente les sources les plus abondantes et les plus fécondes.

Maintenant donc que tout semble avoir été vu, saisi et traité, craignons de rester au-dessous de nos modèles et de devenir en quelque sorte artistes par routine, plus que par un sentiment réfléchi.

En vain diroit-on cependant que, réduits à n'être que des imitateurs et des copistes, nous n'avons pas un talent bien difficile à exercer. L'observation et la comparaison exigeront toujours de l'artiste un jugement exquis qui lui fasse saisir dans les choses trouvées et exécutées avant lui, celles dont l'application convient le mieux à l'ouvrage qu'il projete d'exécuter lui-même.

Que d'avantages résulteroient de cette connoissance des principes, de ces observations faites sur les ouvrages des anciens et des modernes, de la comparaison même de leurs différentes manières (1) : conduits par des guides aussi surs, les beaux arts entre nos mains ne perdroient rien de leur pureté, acquerroient en quelque sorte une nouvelle vigueur, et le gouvernement accorderoit aux artistes toute la faveur qu'ils méritent. Alors une réputation équivoque ne pourroit en imposer à personne.

(1) .... *vos exemplaria græca*
Nocturnâ versate manu, versate diurnâ.
HORATIUS, de arte Poët.

CHAPITRE II.

Application des principes généraux des beaux arts à différens morceaux d'architecture.

Nous connoissons la fin des beaux arts, nous sommes instruits de la source de leurs règles et de leurs principes, nous savons d'ailleurs que c'est par l'observation et la comparaison qu'on peut profiter de ces règles. Occupons-nous maintenant de l'application de ces mêmes règles et de ces mêmes principes à quelques édifices que nous avons sous les yeux, nous en sentirons d'autant mieux la vérité de ces préceptes; mais il est de l'objet de notre ouvrage de faire cette recherche sur des morceaux d'architecture qui fixent le plus l'attention publique : ces monumens n'affectent diversement les amateurs et les artistes, que parce que tous ne se sont pas fait une habitude de se rappeler les règles et les principes dans leurs observations.

La coupole des Invalides, par exemple, nous offre l'ensemble le plus exact dans sa composition : le dôme, la partie principale de ce superbe édifice, domine sans équivoque, par son élévation sur les parties adjacentes : quatre branches heureusement liées, le soutiennent et le font valoir, parce que dans ce tout, chaque partie est subordonnée et concourt à la même fin.

« Il est, dans la nature, qu'un tout soit achevé; et l'ame qui voit ce tout, veut qu'il n'y ait point de partie imparfaite. C'est encore pour cela qu'on aime la symétrie ; il faut une espèce de pondération ou de balancement ; et un bâtiment avec une aîle, ou une aîle plus courte qu'une autre, est aussi peu fini, qu'un corps avec un bras, ou avec un bras trop court » (1).

CETTE réflexion confirme ce que nous avons déja avancé et que nous ne saurions trop répéter, qu'il existe dans la nature des principes primitifs, sur lesquels tous les hommes s'accordent et qui deviennent la source de toutes les connoissances qu'ils acquierrent dans les différens arts.

METTONS en opposition deux autres monumens, et qui méritent, à bien des égards, de la célébrité; nous les verrons déroger diversement aux loix de l'unité et de la proportion. Le premier de ces monumens, est le Val-de-Grace : cet édifice a, dans son plan, une partie excédente qui est la nef, comme dans Saint-Pierre de Rome la coupole et ses tours creuses constituent proprement le temple, d'où il résulte que dans l'une et dans l'autre, le spectateur n'y voit point cette unité qui constitue un tout parfait. Les nefs de ces temples deviennent des hors-d'œuvres qui partagent l'attention du spectateur, dont la pensée doit s'absorber, pour ainsi dire, à la partie seule du dôme.

LE collége de Mazarin est le second édifice que nous avons en vue ; il s'éloigne d'une manière bien plus frappante de ces mémes principes dans son élévation générale. L'ordonnance corinthienne du portail de l'église, est, à la vérité, soutenue par les pavillons des extrémités ; mais cette ordonnance est rompue dans les parties intermédiaires qui, plantées en hémicyde, présentent un

(1) Essai sur le goût, tom. VI, p. 398. Montesquieu.

petit

petit ordre ionique surmonté d'un attique; cette bigarrure fait nécessairement une section dans l'ordonnance générale, et cette même partie intermédiaire est d'autant plus vicieuse, que ni les proportions ioniques, ni celles de l'attique n'y sont conservées; car dans les parties droites des pavillons, et dans celles en hémicyle, les arcades du rez-de-chaussée conservent entre le petit ordre pilastre, même proportion qu'entre celles du grand ordre, ce qui est diamétralement opposé aux règles universellement adoptées pour toutes ordonnances.

Ces deux exemples nous prouvent que là distribution d'un plan pourroit être régulière, les parties bien liées entre elles, et néanmoins ne pas conserver les proportions respectives dans leurs élévations, et que par-là une partie de l'édifice soit disparate et détachée. Ainsi, le Val-de-Grace, quoique l'un des plus beaux temples de l'Europe, est néanmoins repréhensible dans son plan, parce qu'il a une partie excédente qui nuit à la coupole : le collége de Mazarin est vicieux, au contraire, dans son élévation seulement, parce que les différentes parties qu'il offre à la vue, sont disparates. Nous ne faisons aucun de ces deux reproches à la coupole des Invalides, dont le plan est régulier et les élévations dans un rapport parfait avec lui : mais lorsque nous examinerons les parties de détails de ce superbe monument, nous y découvrirons des défauts qui le privent de l'avantage d'être cité comme un édifice parfait.

CHAPITRE III.

Epoque de l'application des principes dans les productions des beaux arts.

Les principes des arts n'ayant été, comme nous l'avons dit, que le fruit tardif et lent des recherches des hommes, il n'a pu résulter de ces principes, des ouvrages qui méritassent le nom de chefs-d'œuvre que long-tems après l'invention de l'art lui-même. Les Grecs sont les premiers qui nous en aient offerts en tous genres, et cette époque remonte au plus six à sept siècles avant l'ère vulgaire. C'est donc chez les Grecs qu'il faut chercher le vrai goût; car pour exécuter avec succès, il est absolument nécessaire d'être persuadé que le goût que l'on suit est le meilleur; sans cette persuasion, il est impossible de se former des idées correctes, et l'on ne suivra qu'une marche vague et incertaine.

C'est pourquoi nous nous sommes faits un devoir en citant les productions, soit des anciens, soit des modernes, de les choisir à des époques, qui, par la conformité de leurs rapports, pussent déterminer et fixer les idées que tout homme sensé et instruit doit avoir sur la perfection de l'art dont nous traitons. Nous nous sommes bien gardés de proposer pour modèle, les artistes, même les plus fameux, qui ont vécu dans les siècles d'ignorance et de barbarie. L'imagination a bien pu donner à leurs productions des formes qui ont excité l'admiration de leur siècle; mais le goût qui leur manquoit essentiellement, ne laisse appercevoir dans leurs constructions que l'oubli des règles et les écarts les plus opposés aux grands modèles.

C'EST dans ces beaux siècles des arts que la nature a été mieux saisie, et, si on ose le dire, surpassée chez les différens peuples qui les ont le plus cultivés; ce sont ces mêmes siècles qui ont produit des chefs-d'œuvre, qui feront l'admiration de tous les tems; tels l'Apollon, la Vénus-Médicis, l'Hercule-Farnèse, le Laocoon (1) et beaucoup d'autres, ainsi que plusieurs figures modernes de Michel-Ange, et du Puget (2). Ces productions nous présentent le plus bel ensemble, qui naît des proportions les plus heureuses, établies entre leurs diverses parties, d'où suivent les mouvemens les plus justes et les effets les plus agréables, ce qui leur donne un titre imprescriptible pour obtenir les suffrages de tous les peuples, et fixer le goût de tous les artistes et de tous les amateurs.

N'ALLONS donc point chercher chez les Caldéens, ni chez les Egyptiens, les règles du vrai goût; ces peuples si vantés n'ont fait qu'ébaucher et préparer, pour ainsi dire, les matériaux dont les Grecs, venus après eux, ont fait un si admirable emploi.

LES Grecs sont nos premiers maîtres, ce sont eux qui ont établi des règles dans les arts; c'est sous le règne de Périclès que ce peuple ingénieux est parvenu à un degré de connoissance qui le fait regarder comme le plus éclairé de tous les

(1) Les plâtres moulés sur les marbres antiques se voyent dans les salles de l'académie de peinture au Louvre.

(2) Telle la figure du Milon dans le parc de Versailles, et la plupart des ouvrages de ce grand homme.

peuples anciens ; et si, à ce titre, nous les nommons les *pères* de tous les beaux arts, ils le sont particulièrement de l'architecture.

Rome même, cette république célèbre, qui a fixé l'attention de l'univers et l'admiration de tous les siècles ; Rome, quand à la partie des arts, étoit, comme le dit un auteur moderne, toute grecque dès le règne de Domitien, l'an 82 de l'ère chrétienne ; c'est-à-dire, que les Grecs, sous ce règne, exerçoient dans cette capitale du monde, tous les genres de profession. C'est à leurs mains habiles et à leurs génies industrieux, que sont dus ces beaux monumens dont on voit encore les augustes ruines en Italie, et il est certain qu'ils ont continué à y travailler jusqu'au règne de Constantin. Il ne l'est pas moins que dans tous les tems et chez tous les peuples, les seuls architectes Grecs, ou ceux qui ont été leurs imitateurs ont conservé la plus haute réputation.

Nous ne ferons cependant point difficulté de placer les Romains au nombre de ces fidelles imitateurs des Grecs. Ils nous paroissent avoir suivi exactement la même marche ; nous pourrions le prouver par rapport aux lettres, si l'objet de cet ouvrage nous permettoit de nous étendre ; mais nous le prouverons par rapport à l'architecture, et nous démontrerons que dans les recherches qu'ils ont faites sur les arts, les Grecs ont toujours été leurs maîtres.

Nous ne prétendons pas fixer au règne de Domitien, la naissance des beaux arts parmi les Romains ; long-tems auparavant la construction du théâtre de Pompée, le premier qui ait été bâti en pierre à Rome, celle du temple de Vénus ordonnée par Jules César, et l'édifice que l'admiration fit élever à ce grand homme lui-même (1); ces monumens prouvent l'accueil que les Romains avoient déja fait à l'architecture. Mais c'est vraiment sous Auguste que la maîtresse de l'univers offrît des chefs-d'œuvre en ce genre, et pendant ce siècle, les secours multipliés que l'Italie sut se procurer de la part des artistes Grecs, soutinrent l'architecture dans toute sa vigueur. Ce sont-là presque les seules époques que nous puissions citer en faveur des arts chez les anciens, parce que c'est le seul tems où les artistes vraiment honorés, ont été animés de cet esprit d'émulation qui produit des merveilles.

(1) Ce temple étoit dédié *à la clémence de César*. Il fut construit après la bataille de Pharsale.

CHAPITRE IV.

Décadence et chûte des beaux arts, leur renaissance.

LA prééminence que nous avons donnée aux Grecs, leur est due à titre d'ancienneté; c'est la pensée de Perrault, qui dit: « La vénération que l'on doit aux premiers inventeurs des arts, n'est pas seulement naturelle, mais elle est fondée sur la raison qui fait juger que celui qui a eu la première pensée d'une chose, a dû avoir un autre génie et beaucoup plus de capacité pour cela, que tous ceux qui après lui ont travaillé à la conduire à sa dernière perfection. »

MAIS les beaux arts, parvenus chez les Grecs et chez les Romains au plus haut degré de perfection, par une triste fatalité ordinaire aux choses humaines, éprouvèrent bientôt une décadence sensible; chez ces derniers sur-tout, il sembloit qu'attachés au sort de l'empire, les mêmes secousses qui préparoient la ruine de la république, influoient aussi sur le génie et sur le goût: nous voyons même que la chûte de l'architecture précède de beaucoup celle du peuple romain. Trois siècles après celui d'Auguste, le génie ne jettoit plus que de foibles lueurs; déja il n'étoit plus réglé par un goût sûr, et dès le sixième siècle, on ne voit plus s'élever que des constructions monstrueuses et ridicules.

Ces secousses agirent en même-tems sur tous les genres de connoissances ; le langage perdit de sa noblesse, les vrais principes en furent méconnus. La poésie fut assujettie à un jargon barbare, enfanté par l'ignorance ; elle n'inventa que des sujets médiocres, qu'elle rendit d'une manière plus misérable encore. La peinture oublia le dessin, la composition, l'expression et le coloris ; la sculpture ne produisit que des figures informes et grotesques.

Au milieu de ce désordre universel, que put devenir l'architecture? Elle ne sut ériger que des édifices lourds dans leurs constructions, dont les principaux membres ne conservoient ni harmonie ni rapport. Tel Sainte-Sophie de Constantinople. Pour éviter peut-être cette pesanteur énorme, un goût mal dirigé inspira ces nombreuses divisions qui donnèrent aux monumens un nouveau caractère, et qui, sans remédier beaucoup à ce défaut, ne nuisoit pas moins aux progrès de l'art ; nous en trouvons des exemples frappans dans nos églises gothiques.

Telles furent les révolutions des arts et principalement de l'architecture. Nous en fixons l'époque aux premiers tems du Bas-Empire. Cette décadence est bien digne de ces siècles de divisions et de combats, où l'Italie, livrée à des incursions de barbares, ébranlée par les plus violentes secousses, vit le trône des Césars exposé à des variations perpétuelles. Tout occupés du spectacle le plus affreux, les peuples ne pensoient guères dans ces tems d'horreurs à étudier les vrais principes de l'architecture et à en appliquer les règles à des constructions nouvelles ; et comme il est plus facile de conserver les arts que d'en acquérir une parfaite connoissance, quand on en a méconnu les principes, ne soyons pas surpris que tant de siècles se soient écoulés, avant qu'on pût remarquer un édifice digne d'être cité comme un modèle.

Ce ne fut, en effet, qu'au quinzième siècle, en 1453, lorsque Mahomet II eut mis fin au vieil empire romain, que l'Italie respira, en quelque sorte, après de si violentes agitations; alors les loix, la paix et les mœurs commencèrent à régner dans l'Europe, alors les gouvernemens de princes, amis de l'humanité et par conséquent des sciences et des arts, favorisèrent tous ceux qui, guidés par un goût sain, voulurent s'appliquer à les faire revivre, et ce fut dans l'Italie que se fit cette heureuse révolution.

On vit à Florence Cosme de Médicis, à Rome Nicolas V, après lui Jules II et Léon X, donner aux artistes et aux savans les encouragemens les plus propres à exciter la plus noble émulation. Alors on réveilla « les mânes d'Horace, de Virgile, de Cicéron. On alla fouiller jusques dans les tombeaux qui avoient servi d'asile à la sculpture et à la peinture. Bientôt on vit reparoître l'antiquité avec les grâces de la jeunesse. Elle saisit tous les cœurs, on reconnoissoit la nature. Bientôt l'admiration publique multiplia les talens. . . . . L'émulation les anima : les beaux ouvrages s'annoncèrent de toutes parts. . . . » (1).

Observons néanmoins que la marche des arts, au moment de leur renaissance, est bien différente de celle qu'ils avoient tenue à leur origine. Aux premiers tems des arts, leurs progrès furent lents; à leur renouvellement, au contraire, des hommes heureusement organisés, instruits par les précieuses découvertes des anciens, par les vestiges plus précieux encore échappés au bouleversement des villes : ces hommes, inspirés d'ailleurs par un génie élevé, franchirent en peu de tems l'immense barrière que l'ignorance avoit construite et dissipent les épaisses ténèbres où toutes les nations paroissoient plongées.

(1) Les beaux-arts réduits aux mêmes principes, tom. I.

La

La France ne fut pas la dernière à se ressentir de ces heureux effets. François I, appellé à si juste titre le père des lettres, mérite aussi ce nom de la part des artistes : il protégea dans ses états tous les genres de connoissances, et sous lui, l'architecture, la sculpture et la peinture enfantèrent des chefs-d'œuvre. Une partie considérable du vieux Louvre, bâtie sous ce prince et continuée sous Henri II, son successeur, en est la preuve. Pierre Lescot, Jean Goujon, Philibert Delorme et Germain Pilon, tous contemporains des plus célèbres artistes de l'Italie, dignes d'en être regardés comme les émules, ont laissé des productions de leur génie, qui se soutiennent avec les meilleurs ouvrages de nos jours (1).

Les justes éloges que nous accordons à ces artistes, ne nous empêcheront pas cependant d'avancer que ce ne n'est que sous le règne de Louis-le-Grand qu'on a vu les beaux arts généralement cultivés par la nation françoise. Mais pourquoi ces succès n'ont-ils pas été à cette époque aussi étendus, aussi soutenus en France qu'ils l'étoient en Italie? On ne peut s'en prendre qu'à des causes purement politiques, qui en arrêtèrent les progrès. Les troubles trop connus de la régence de Catherine de Médicis, les agitations qui se succédèrent dans le royaume jusqu'à Louis XIII, eurent plus de part à cette espèce d'engourdissement, que les préjugés des François; et sans ces

(1) Quoique le grand édifice de la cour du Louvre n'ait été construit que dans l'espace de plus d'un siècle, l'on doit cependant regarder Pierre Lescot, le premier architecte, comme l'ordonnateur de toute cette architecture.

Il est certain, que la partie de cette cour, qui fait face au levant, dont cet architecte jetta les fondations sous François I, détermina, par son ordonnance, le dessin des trois autres parties. L'on en doit excepter le troisième ordre, colonne dans les façades du nord, du midi et du couchant, que l'on substituât à l'attique de Pierre Lescot.

agitations, nous aurions vu les arts parvenir, dès ce tems, au terme où ils arrivèrent sous Louis XIV.

Le long règne de ce prince a donné comme une impulsion générale à tous les esprits françois; depuis cette époque, on a vu la nation méditer de grands projets et les exécuter avec un succès digne de l'admiration de tous les peuples. Cette ardeur, loin de se ralentir, n'a fait que s'embraser de plus en plus, et le nombre prodigieux de citoyens qui se sont exercés de nos jours dans les professions de tous les genres, prouve au moins que le goût des arts n'est point entièrement anéanti parmi nous. Mais n'avons-nous pas lieu de craindre qu'il ne s'éteigne? Sans parler des circonstances extraordinaires, dans lesquelles nous nous sommes trouvés, cette nuée d'artistes, comme nous le dirons bientôt, qui s'essayent, en quelque sorte, à enfanter et à produire, ne deviendra-t-elle pas funeste aux arts mêmes? Une concurrence modérée peut bien fomenter l'émulation; mais une concurrence excessive peut la décourager et étouffer le germe des talens. La concurrence dans les arts, ne peut produire qu'une impression factice et stérile, incapable par elle-même de faire grandes choses, jamais elle ne pourra conduire l'artiste au grand et au sublime; au contraire, l'enthousiasme, cette passion ardente qui embrase l'homme né pour les arts, cette voix qui sans cesse lui dit, qu'il doit travailler pour la postérité, que ses ouvrages n'obtiendront l'immortalité, qu'autant qu'ils porteront le caractère du vrai beau; cette voix, dis-je, puissante et créatrice, elle seule est capable d'alimenter l'émulation de l'artiste, et de lui faire franchir tous les obstacles. La concurrence enfin, peut bien être utile, en général, dans le commerce, mais elle doit inévitablement éteindre le flambeau des beaux arts, comme nous le prouverons bientôt, relativement à l'architecture.

CHAPITRE V.

Cause générale de la décadence des arts.

Le systême des différens états de l'Europe, les rapports politiques qui paroissent devoir régner entre les puissances qui les gouvernent, sembleroient promettre aux arts, leur maintien et leurs progrès, au moins pour le tems que dureroit cette espèce de confédération, s'il n'étoit pas pour ces arts des ennemis capables de leur nuire, malgré ces avantages. Ce ne seront pas, sans doute, ces hordes de sauvages, qui ont tant de fois inondé leurs voisins, ces légions de barbares, qui, en chassant les peuples les plus instruits des contrées qu'ils avoient cultivées avec tant de succès, n'ont apporté avec eux, dans les régions les plus florissantes, que leur inexpérience et leur barbarie. En supposant donc que les différens empires qui occupent cette partie du globe, soient à l'abri de ces redoutables fléaux, n'est-il pas des ennemis domestiques, que les nations les plus policées nourrissent dans leur sein? Le goût de la nouveauté et la satiété, fille d'une jouissance longue et excessive, ont été dans tous les tems les causes des plus grandes altérations dans les productions du génie; et si ces causes ont une si forte influence sur les sciences, qui ne tiennent qu'à l'esprit, si l'on a vu des innovations dans la manière de dire, succéder dans Athènes, à l'éloquence du premier orateur de la Grèce, et à Rome, dès le tems de Quintilien : que ne doit-on pas craindre pour l'architecture, contre laquelle l'amour de la nouveauté a, dans tous les tems, commis, si j'ose m'exprimer ainsi, de cruels attentats. « Ce fut pour ne s'être pas tenue dans de justes bornes et dans une sage sobriété d'ornemens, que l'éloquence dégénera à Athènes et à Rome » (1). Tous les autres arts y éprouvèrent pareille altération, à des époques très-voisines l'une de l'autre.

« Les ouvrages ayant eu pendant un certain tems le même degré d'assaisonnement et de perfection, et le goût des meilleures choses s'émoussant par l'habitude, on a recours à un nouvel art pour le réveiller, on charge la nature : c'est ainsi que le goût et les beaux arts périssent, en s'éloignant d'elle » (2).

Ajoutons à ces premières raisons de décadence, la diversité des mœurs et par conséquent des opinions qui y sont étroitement liées. Ce sont les mœurs et les opinions qui firent éprouver aux arts de funestes influences chez les peuples anciens. La Grèce, féconde en artistes, tant qu'elle ne fut point asservie par différens despostes, ne montra plus sous les successeurs d'Alexandre, que de serviles adulateurs qui sembloient abaisser le génie, assujettir le goût, immoler les règles et les principes aux caprices de chefs, devenus l'objet de leur flatterie.

Quand une nation n'est plus composée que de maîtres et d'esclaves, les artistes ne peuvent se soutenir dans ce sublime, dans cet enthousiasme, dans cette noble liberté qui peuvent seuls donner l'essor aux beaux arts. Les hommes flétris, pour ainsi dire, par la servitude, baissent la tête sous le joug humiliant qu'on leur impose : la bassesse et l'adulation sont presque leur

(1) Traité des études, tome II, page 398.

(2) Les beaux arts réduits à un principe, tom. I, ch. 3, p. 81.

seule ressource. Eh ! quels ouvrages peuvent enfanter de pareils moyens ? Régions de la Grèce, appesanties maintenant sous le joug impérieux du despotisme asiatique, quel tableau déplorable offrez-vous à nos regards ! augustes ruines de tant d'édifices somptueux, qui attestez sa grandeur ancienne et ses lumières, vous ne prîtes naissance et vous n'existâtes avec éclat, que sous un gouvernement protecteur, sage et éclairé.

L'ARCHITECTURE, celui des arts qui désormais va nous occuper seul, est aussi celui de tous qui a éprouvé de plus grandes variations, parce que c'est lui dont les productions sont d'autant plus sujettes aux atteintes du mauvais goût, qu'elles sont consacrées à des usages et à des intentions plus personnelles.

CHAPITRE VI.

Cause particulière qui peut influer sur la décadence de l'architecture.

Pour peu que l'on fasse attention à l'état actuel de l'architecture, l'on reconnoîtra aisément, que malgré son succès apparent, il existe une cause qui doit faire craindre la chûte de cet art; elle tient et au nombre prodigieux de citoyens qui l'exercent, et tout-à-la-fois elle dépend de l'indifférence de ceux qui font bâtir, et se contentent de trouver dans ceux qu'ils employent, les notions les plus superficielles sur cet art. Or, cette cause a pour base une espèce de séduction, qui obsède plusieurs particuliers opulens qui font bâtir, et même certains ordonnateurs d'édifices publics. Ils prennent pour architecte tout homme, qui, avec une sorte d'intelligence, l'habitude de commander à des ouvriers, la facilité de se procurer et des dessinateurs et des appareilleurs, a le courage d'entreprendre un édifice d'une certaine importance. L'idée seule, très-peu fondée, de se procurer, à moins de frais, une bâtisse, qui, aux yeux des moins connoisseurs, ne manquera pas de noblesse et de beauté, les prévient contre tout ce qui porte le nom d'architecte, les aveugle sur les défauts sans nombre qui se commettent dans la manière de bâtir; et ces hommes ne commencent à s'appercevoir de leur méprise, que lorsque l'ouvrage, soumis au jugement des vrais connoisseurs, annonce les fautes irréparables qui ont été faites, et contre la sagesse de l'ordonnance et contre la solidité du bâtiment. Ne pourrai-je point, en plaignant ces propriétaires et ces administrateurs séduits, les comparer à des malades, qui, par habitude, abandonnent la conduite des maladies les plus sérieuses, à quelqu'un qui peut avoir mérité leur confiance dans de légères infirmités, et n'appelent à leur secours, ces hommes que l'art et l'expérience rendent à juste titre si célèbres, que lorsqu'une nature épuisée n'offre plus aucune ressource. Cette comparaison paroîtra sensible à quiconque saura apprécier la juste différence qui se trouve entre celui qui, ayant fait une étude profonde des principes et des règles, peut en diriger l'application, et celui qui n'ayant pour guide qu'une routine aveugle, ou tout au plus une connoissance superficielle des règles et des principes, ose les mettre en pratique. Cette cause particulière agit depuis trop long-tems contre le progrès de l'architecture, et à moins que ceux qui président aux constructions des monumens publics, ainsi que les riches propriétaires, ne s'instruisent de ses principes, elle en prépare, sans qu'on s'en apperçoive, l'inévitable décadence (1).

(1) Je m'interdis d'appuyer ces réflexions par des exemples qui existent dans la capitale à l'égard d'édifices publics et qui en prouveroient toute la justesse.

CHAPITRE VII.

Principes fondamentaux et particuliers à l'architecture.

Il seroit inutile de chercher à fixer l'origine de l'architecture. Tous ceux qui ont écrit sur cet art, ont répété, d'après Vitruve, que son origine remontoit jusqu'à la naissance des sociétés ; que les premiers élémens de cette science se retrouvent dans la construction des cabanes, que les premiers hommes ont dû faire pour s'abriter contre l'inclémence des saisons ; ils ont élevé d'abord des pieux verticaux, sur lesquels ils posoient des pièces horisontales ; mais les inconvéniens éprouvés de ces constructions légères, leur en ont fait imaginer bientôt de plus utiles et de plus solides. L'industrie naturelle de l'homme, qui lui fait trouver avec tant de facilité tout ce qui tend à sa commodité et à son agrément, l'a conduit de ces premiers essais à de nouvelles découvertes, et les édifices qui ont été construits ensuite, sont devenus et plus commodes et plus durables. Cette même expérience et les observations qui la suivirent, ont successivement dicté ces préceptes, qui, de l'invention primitive, ont fait un art qui s'est appellé architecture ; sa dénomination est prise, et dans sa nature et dans sa fin, comme il est aisé de le voir, pour peu qu'on fasse attention à l'étymologie de ce mot.

Mais depuis que l'architecture s'est éloignée de cette première simplicité, elle a dû dépendre nécessairement d'un grand nombre de de préceptes et de régles; aussi, comme le dit Perrault, « l'architecture est une science qui doit être accompagnée d'une grande diversité d'études et de connoissances, par le moyen desquelles elle juge de tous les ouvrages des autres qui lui appartiennent. Cette science s'acquiert par la théorie et par la pratique. »

« La théorie de l'architecture est la connoissance qu'on peut avoir de ce qui appartient à cette science par l'étude des livres, ou par les voyages ou par la méditation.

« La pratique est la connoissance qu'on a acquise par l'exécution et la conduite des bâtimens. »

En distinguant, avec ce savant architecte, la théorie et la pratique de cet art, nous dirons que la théorie est la science qui convient particulièrement à l'amateur, elle lui suffit dans presque toutes les circonstances, et comme mon but est de rendre cet ouvrage utile à cet ordre de citoyens, je traiterai principalement de la théorie de l'architecture.

L'architecture, telle que nous l'entendons maintenant, est donc l'art de faire un bâtiment, de quelque nature qu'il soit, non-seulement solide, mais agréable à la vue, mais commode, et ayant toutes ses parties dans un heureux rapport et dans un caractère convenable, caractère qui est toujours déterminé par l'objet auquel est destiné l'édifice.

On conçoit qu'un bâtiment solide, est celui dont toutes les parties exactement liées, ont les épaisseurs suffisantes pour leur donner de la consistance, et dans lequel on ne néglige ni les empattemens, ni les retraites, ni le fruit ou inclinaison extérieure nécessaire, de sorte que le tout se trouve fixé par un équilibre invariable.

Mais comme un bâtiment qui ne seroit que solide, n'auroit rien d'agréable à la vue et d'utile pour l'usage auquel on le destine, il ne rempliroit point son objet. Il faut donc de la noblesse dans l'ordonnance, de l'agrément et de la commodité dans la distribution.

Un bâtiment commode, sera celui dont toutes les parties sont telles que sa destination l'exige, et c'est cette destination qui détermine les enfilades, les dégagemens, les communications libres et faciles; chaque pièce dans sa proportion se faisant valoir l'une par l'autre.

Quand nous avons dit que la destination d'un édifice en déterminoit les distributions et les proportions, nous avons établi une règle générale à tous les peuples; mais l'application de cette règle est relative à la nation, aux yeux de laquelle on construit l'édifice, ou à l'intention du citoyen qui le fait élever. Elle sera donc déterminée alors par les mœurs et les usages particuliers de la nation ou les besoins de celui qui fait bâtir.

Un bâtiment bien proportionné, est celui qui, dans toutes les parties de son plan, montre une division heureuse, de sorte que chacune de ses parties ait un rapport essentiel avec toutes les autres; il faut que dans les élévations, les hauteurs soient en raison des longueurs, que les vuides soient soutenus par des pleins symétriques et proportionnés.

C'est véritablement dans cette dernière observation que consiste le génie de l'art. C'est cette proportion qui exige de l'artiste et de l'amateur une étude longue et réfléchie; c'est elle qui demande un goût sûr, parce que c'est elle qui décide du mérite de l'architecte, et cette observation s'applique aux édifices de tous les genres; elle est essentielle dans la construction des monumens de tous les peuples; et, à cet égard, l'architecte, comme l'homme de lettres, méritera le titre d'habitant de l'univers, parce que son art est intelligible à toutes les nations.

C'est cette observation sentie par les grands maîtres, qui leur a fait renfermer toutes les loix de la proportion dans deux règles qu'ils ont appellées eurithmie et symétrie; parce qu'en effet, ces deux loix bien observées, il ne manque plus rien à l'architecte pour mériter les suffrages des connoisseurs.

L'eurithmie est cet accord, cet ensemble, cette modulation d'où résulte l'harmonie de toutes les parties d'un édifice, soit dans la division générale d'une façade, soit dans la décoration intérieure et extérieure d'un bâtiment. Le péristicle du Louvre va nous servir d'exemple : il a son avant-corps du centre d'une largeur proportionnée à sa hauteur particulière; il est aussi dans une heureuse proportion relativement à l'étendue des galeries intermédiaires, qui le lient au pavillon des extrémités; cet avant-corps d'ailleurs commande sur ces mêmes pavillons par le nombre et la richesse de ses parties.

L'ordre corinthien qui règne dans cette façade, considéré séparément du reste de l'édifice, est d'une belle proportion, soit dans ses divisions générales, soit dans ses membres particuliers; les conditions de l'eurithmie sont donc observées dans ce magnifique monument, et c'est parce que l'architecte ne s'en est point écarté, que cet édifice, assujetti à la plus rigoureuse symétrie, mérite le nom de chef-d'œuvre (1).

(1) Tous les artistes cependant conviennent que le soubassement est trop élevé pour l'ordre qu'il porte, et qu'il est aussi trop simple dans sa composition, d'où il résulte que ces deux parties, le soubassement et l'ordre,

L'EURITHMIE, ce premier principe de l'architecture, a dû être, et a été en effet plus ou moins heureusement saisi par les différens maîtres. Pour mieux connoître l'usage qu'ils en ont fait, jettons les yeux sur les diverses manières de diviser les ordres de l'architecture tels que Chambray nous les offre dans son parallèle (1). Comparons la manière de Palladio, celle de Scamozzi, avec la manière de Serlio, de Barbaro, de Cataneo et de Léon-Baptiste Alberti. Les deux premiers architectes ont saisi, avec assez de succès, les règles de l'eurithmie; les autres, pour ne les avoir pas assez senties, s'en sont écartés, comme le démontrent les exemples que nous citons. Aussi en résulte-t-il que ceux-là peuvent être consultés et suivis avec assurance, tandis que l'on ne pourroit prendre ceux-ci pour modèle, sans s'exposer à se faire un goût faux.

LA symétrie est le second principe en architecture le plus facile à comprendre et à saisir; il est aussi d'une application aisée dans la pratique; mais il n'est pas moins essentiel que l'eurithmie pour rendre l'ordonnance agréable.

ne sont point assez liés entre eux.

Mais il y a de plus à regretter dans cet édifice que l'architecte y ait couplé les colonnes. En vain Perrault, dans une note de sa traduction de Vitruve, insiste et soutient le système des colonnes ainsi disposées; en vain prétend-il que l'on doive applaudir à cet arrangement, comme on fit, il y trente siècles, à l'innovation dans le diptère, qui le rendit pseudo-diptère, sorte de temple n'ayant qu'une galerie de colonnes au pourtour extérieur, et espacées des murs d'enceinte de la largeur de deux entre-colonnes. J'ose contrarier cette opinion, non pas sur « la supposition qu'il n'est pas permis de se départir des usages des anciens, » mais parce que les colonnes étant couplées sur une ligne parallèle à l'horison; l'œil du spectateur ne peut juger chacune d'elles par les ombres qu'elles se portent mutuellement; car alors le rapprochement ne permet pas de jouir du profil de l'un et de l'autre. Raison qui doit faire abandonner, dans tous les cas, cette manière d'employer les colonnes.

(1) Parallèle de l'architecture antique et de la moderne, à Paris 1650.

« L'AME aime la variété; cependant, dans la plupart des choses, elle aime à voir une espèce de symétrie. »

« UNE des principales causes des plaisirs de notre ame, lorsqu'elle voit des objets, c'est la facilité qu'elle a de les appercevoir; et la raison qui fait que la symétrie plaît à l'ame, c'est qu'elle lui épargne de la peine, qu'elle la soulage et qu'elle coupe, pour ainsi dire, l'ouvrage par la moitié. »

« DE là suit une règle générale : par-tout où la symétrie est utile à l'ame, et peut aider ses fonctions, elle lui est agréable; mais par-tout où elle est inutile, elle est fade, parce qu'elle ôte la variété. Or, les choses que nous voyons successivement, doivent avoir de la variété; car notre ame n'a aucune difficulté à les voir. Celles, au contraire, que nous appercevons d'un coup-d'œil, doivent avoir de la symétrie : aussi, comme nous appercevons d'un coup-d'œil la façade d'un bâtiment, un parterre, un temple, on y met de la symétrie qui plaît à l'ame par la facilité qu'elle lui donne d'embrasser d'abord tout l'objet » (1).

QUOIQU'IL paroisse très-facile de ne pas s'écarter de la symétrie, l'on voit cependant avec surprise que les monumens gothiques ne sont pas les seuls où elle ait été oubliée.

LA fameuse galerie du Louvre qui borde la Seine, n'est point assujettie à cette règle, elle s'en écarte même d'une manière choquante. Et ce n'est que dans les parties de détails qu'on retrouve le goût des artistes qui ont présidé à la construction de ce monument. On reconnoîtra ce même défaut, si l'on observe successivement les deux portails latéraux de la grande

(1) Montesquieu, Essai sur le goût, tom. VI, p. 398.

église de Saint-Sulpice. L'on ne comprendra pas pourquoi celui du midi est dorique et ionique dans son ordonnance, tandis que celui du nord est corinthien et composite; et quoique le spectateur ne puisse les observer que séparément, cette disparité n'est pas moins choquante que le seroit celle qu'offriroit un animal dont quelques membres ne seroient point proportionnés entre eux.

Nous trouvons la même faute commise dans l'intérieur de l'église de Saint-Jacques-du-Haut-Pas. Quoique cet édifice ait été construit au dix-septième siècle, la distribution de son plan, les piliers qui composent le chœur, ainsi que les galeries qui accompagnent la nef, portent dans leurs élévations un caractère de dissemblance qui ne peut être attribué qu'à l'ignorance des principes ou au mauvais goût.

Il y a cependant cette différence entre l'eurithmie et la symétrie, qu'il n'est permis dans aucun cas de s'écarter de cette seconde règle; mais suivant que l'artiste sent et saisit avec plus ou moins d'habileté, l'eurithmie règne dans tous ses ouvrages, c'est d'elle que résulte la perfection des édifices qu'il construit.

C'est aussi ce qui fait que l'eurithmie en architecture a été de toutes les loix la plus difficile à établir, comme elle a été aussi le plus facilement altérée et oubliée.

Qu'on jette maintenant un coup-d'œil sur les bâtimens de tous les âges, on verra que cette diversité qui règne entre eux, et qui feroit presque douter que l'architecture a des principes fondamentaux, ne vient que de l'oubli de ces principes mêmes, puisque l'architecture étoit parvenue, avant sa décadence chez les anciens, à son plus haut degré de perfection; mais les architectes, à diverses époques, l'ayant assujettie successivement à leurs caprices, elle a dû se ressentir de l'oubli et de la négligence des loix qui lui sont propres.

Cette négligence et cet oubli ont nécessairement influé sur cette foule de gens insensibles à l'harmonie des arts, qui, privés de goût et de lumières, voient l'ensemble d'un édifice sans en distinguer les proportions et les rapports; et qui, confondant tous les objets qui les frappent, se forment des préjugés qu'il est bien difficile de détruire.

Nous n'insisterons pas plus long-tems sur les causes de la décadence de l'architecture; et si nous avons paru nous appesantir sur ces causes, c'est que nous avons jugé ces preuves essentielles aux principes que nous allons établir dans la suite : les diverses espèces d'architecture qui vont être les objets des chapitres suivans, n'ont été que des imitations les unes des autres; imitations tantôt mixtes, tantôt altérées. Nous serons forcés, pour ne pas trop nous étendre, d'en restreindre les espèces, et nous les rangerons sous trois classes seulement.

CHAPITRE VIII.

Première espèce d'architecture.

L'ARCHITECTURE la plus ancienne et la première que nous connoissions par l'histoire ou par quelques fragmens qui ont passé jusqu'à nous, est celle des Egyptiens. Comme cet art étoit encore dans son berceau, les morceaux qui nous ont été conservés, ne nous présentent que des masses énormes et gigantesques; aussi croyons-nous superflu de nous étendre sur cette sorte d'architecture. La première espèce qui mérite de notre part beaucoup d'attention, c'est celle que les Grecs ont exercée avec tant d'éclat; et cette architecture nous reporte à l'an 500 avant l'ère chrétienne.

ELLE devint si célèbre, et elle étoit si remarquable, que les Romains, après les Grecs, l'ont imitée dans leurs plus beaux monumens; et c'est encore la même architecture que les Italiens, dès le quinzième siècle, ensuite les François aux seize, dix-sept et dix-huitième siècles, ont rappelée, étudiée et pratiquée avec succès dans leurs édifices les plus importans.

LES ordres ou les diverses espèces de colonnes, sont les moyens qu'emploie cette architecture pour donner à un édifice, une forme imposante et majestueuse; et c'est des rapports qu'elle sait mettre entre ces colonnes et les différentes masses auxquelles elles

elles sont liées, qui les soutiennent ou qui les couronnent, et tout-à-la-fois, les distances proportionnées qu'elle sait établir entre elles, qu'il résulte des effets plus ou moins heureux. Nous le verrons d'une manière plus détaillée dans la suite.

Mais avant d'entrer dans ce détail, je dois inviter le lecteur, s'il veut connoître cette première espèce d'architecture, en apprendre et la nature et les principes, de consulter les dix livres de Vitruve, commentés par l'illustre Perrault (1), d'étudier sans cesse l'immortel ouvrage de Palladio (2), d'ouvrir et d'examiner les ruines de la Grèce (3), ce recueil précieux que nous devons à David le Roy. De rassembler aussi sous ses yeux les ruines célèbres de Balbeck ou d'Héliopolis (4), celles de Palmyre, celles de Pæstum ou de Posidonie dans la grande Grèce (5), celles de l'ancienne Rome de Desgodets (6), le recueil des plus beaux monumens par Barbault (7); enfin, les antiquités d'Athènes par MM. Stuart et Revelt (8). C'est dans tous ces différens ouvrages qu'il puisera les connoissances les plus certaines sur la première et la véritable architecture, ils fournissent les modèles les plus capables de former l'architecte et d'éclairer l'amateur. Voici comment s'explique Barbault sur cette matière.

« Rapprochez, dit cet auteur, cette foule d'antiques sortis des mains des Grecs et des Romains, et échappés aux injures des siècles, de tous ces monumens gothiques et autres quelconques

(1) Paris 1673.

(2) In Venetia 1570.

(3) A Paris, chez Musier fils, 1770.

(4) Les ruines de Palmyre, à Londres 1753. — De Balbeck, à Londres 1757, par MM. Wood et Dawkins.

(5) A Londres, chez T. Major, dans S. Martin's Lane 1768.

(6) A Paris, chez Jombert.

(7) A Rome 1761.

(8) A Londres 1762.

différens des premiers ; quel contraste singulier ! les uns offrent une imitation parfaite de la belle nature ; ils sont d'excellens modèles remplis de détails frappans qui laissent dans l'esprit une impression profonde ; dans les autres, l'on ne voit que des ouvrages à peine ébauchés et tous grossiers, formés en dépit des règles : tristes productions de l'ignorance et de la barbarie, elles déshonorent ceux des artistes qui les ont enfanté : tant il est vrai que les arts prennent toujours une teinture des mœurs des peuples, et que, cultivés avec goût, brillent tôt ou tard d'une lumière éclatante, relèvent et honorent le mérite des nations et leur donne une supériorité bien marquée sur celles qui les ont négligé (1).

(1) Recueil de divers monumens anciens dessinés par Barbault, avant-propos. Rome 1770.

CHAPITRE IX.

Seconde espèce d'architecture.

La seconde espèce d'architecture vulgairement appelée gothique, que Chambray nomme à si juste titre l'ineptie et le singe de larchitecture grecque, est celle qui, dans l'empire romain, après la chûte des arts, prit la place de la belle architecture, et le règne de ce genre gothique a malheureusement duré depuis le deuxième siècle de l'ère chrétienne jusqu'au quinzième.

Nous nous étendrons sur ce genre d'architecture, parce que tout défectueux qu'il est, il a été long-tems en vigueur ; maisnous lui assignerons deux âges ou deux espèces. Le premier dura jusqu'au dixième siècle, et dans ce premier âge de l'architecture gothique on voit insensiblement s'éclipser l'architecture grecque. Le second âge commence au dixième siècle jusqu'au quinzième : et si cette seconde espèce eut été susceptible de perfection, on pourroit dire qu'elle y est parvenue dans ce second âge. C'est vers ce tems que le caractère de légereté s'est annoncé dans les divers monumens qui ont pris un caractère plus distinct et ont offerts les formes les plus délicates.

Quiconque voudra faire la différence de ces deux âges, reconnoîtra le premier à la pesanteur de ses constructions. Les proportions en sont ridicules, elles approchent du défaut que nous avons reproché à l'architecture des tems les plus reculés ; nous serions tentés de la placer dans ces tems , si des parties et des détails n'en décéloient la véritable époque. Le monument le plus célèbre qui nous a conservé le caractère de ce genre , est le fameux temple de Sainte-Sophie de Constantinople ; alliage monstrueux de plusieurs parties qui tiennent à la bonne architecture dans leur forme principale et qui se composent avec une lourde mâçonnerie.

Le second âge, au contraire, nous présente des édifices ayant des divisions presqu'innombrables dans les parties qui les composent; des faisceaux de colonnes prodigués par-tout, en font la principale ordonnance. Cette architecture n'emploie aucune corniche intérieure ni extérieure pour couronner ses différentes masses ; elles se lient entre elles, par des voûtes et des arcs ogifs. Nous retrouvons cette construction du second âge dans tous les monumens considérables élevés parmi nous au siècle d'ignorance ; et c'est particulièrement dans nos temples qu'elle s'est fixée plus long-tems, que dans ceux d'Italie.

Il seroit inutile de chercher, dans ces deux sortes d'architecture, ni la symétrie ni l'eurithmie ; ces deux règles y sont abandonnées dans presque toutes les parties.

Tous les ornemens adaptés à l'architecture gothique, sont du choix le plus bisarre et du goût le plus dépravé ; s'il s'en rencontre quelques-uns dont la première pensée ait été prise dans des ruines antiques; la monotonie, qui règne dans l'exécution, indique le peu de sentimens de ceux qui les ont appliqués. Nous pouvons porter le même jugement des figures qu'on a rassemblées dans ces monumens, elles y sont toutes ridiculement placées , exécutées sans choix, sans proportions et sans goût.

L'OPINION qui nous fait regarder cette seconde espèce d'architecture comme mauvaise, et en cela indigne de l'attention de l'artiste, n'est pas seulement fondée sur l'époque de décadence à laquelle nous avons fixé son origine ; mais elle tient encore à des principes certains. Montesquieu nous les rend sensibles, et d'après ses réflexions, il est aisé de reconnoître que la seule architecture grecque est la vraie.

« IL y a des choses qui paroissent variées et ne le sont point, d'autres qui paroissent uniformes et sont très-variées. »

« L'ARCHITECTURE gothique paroît très-variée, mais la confusion des ornemens fatigue par leur petitesse ; ce qui fait qu'il n'y en a aucun que nous puissions distinguer d'un autre, et leur nombre fait qu'il n'y en a aucun sur lequel l'œil puisse s'arrêter : de manière qu'elle déplaît par les endroits mêmes qu'on a choisis pour la rendre agréable. »

« UN bâtiment d'ordre gothique est une espèce d'énigme pour l'œil qui le voit ; et l'ame est embarrassée, comme quand on lui présente un poëme obscur. »

« L'ARCHITECTUTE grecque, au contraire, paroît uniforme : mais, comme elle a les divisions qu'il faut, et autant qu'il en faut pour que l'ame voie précisément ce qu'elle peut voir sans se fatiguer, mais qu'elle en voie assez pour s'occuper, elle a cette variété qui fait regarder avec plaisir. »

« IL faut que les grandes choses aient des grandes parties ; les grands hommes ont de grands bras, les grands arbres de grandes branches, et les grandes montagnes sont composées d'autres montagnes qui sont au-dessus et au-dessous ; c'est la nature des choses qui fait cela. »

« L'ARCHITECTURE grecque, qui a peu de divisions et de grandes divisions, imite les grandes choses ; l'ame sent une certains majesté qui y règne par-tout » (1).

(1) Essai sur le goût, tom. VI, p. 396.

CHAPITRE X.

Origine de l'architecture gothique.

Pour ne rien omettre de ce qui est essentiel à l'établissement des principes que nous avons avancés, nous croyons devoir insister, dans ce chapitre, sur la véritable origine de l'architecture gothique. Nous croyons pouvoir démontrer que les Goths, les Vandales et les Gaulois n'en sont pas plus les inventeurs que les Grecs et les Romains; qu'elle n'a été produite que par l'oubli des règles, suite de l'ignorance où fut plongé l'univers entier; et quoique cette vérité soit contredite par quelques artistes dont le suffrage semble mériter des égards, je ne veux devoir ma démonstration qu'à des preuves qui puissent satisfaire le lecteur.

La première preuve que je lui présente, c'est la décadence successive qu'éprouva l'architecture grecque avant qu'il fût question de Goths et de Vandales. Examinons le temple de la Paix, dont les vestiges ont passés jusqu'à nous. Observons les différens arcs de triomphes construits dans les deux et troisième siècles. Attribuerons-nous à ces peuples barbares, les atteintes portées, dans ces divers édifices, à la sagesse de la composition, ainsi que l'abandon des proportions si admirablement observées dans l'architecture grecque antique. Le temple, dont je viens de parler, érigé par Vespasien, est le premier de ceux qu'a recueilli Palladio (1). Il nous offre, quoique bâtit à la fin du siècle d'Auguste, un exemple frappant des altérations déja faites dans les loix de l'eurithmie. Les dimentions étoient de 324 pieds de long sur 250 de large. « Si le bon goût de l'architecture eût répondu à sa capacité et à sa richesse, Athènes n'en auroit point eu qu'on put lui comparer » (2).

Quatre colonnes et trois arcades occupent seules de chaque côté la dimension en longueur de ce vaste temple. Son plan est d'une distribution peu intéressante, les élévations intérieures, ainsi que celles du portail, sont sans effets qui puissent flatter (3); le tout ne peut valoir que par la grandeur des masses.

Les colonnes intérieures, quoique d'un grand diamètre, se perdent néanmoins dans l'espace, leur proportion étant détruite par l'extrême largeur des arcades auxquelles elles tiennent. L'entablement de cet ordre ne couronne que chaque colonne privativement; d'où il résulte des retours qui en rendent la corniche dure et âpre. Ces colonnes d'ailleurs portent une voûte d'arrête; nature de voûtes qui offre quatre divisions dans son plan, ainsi que les voûtes ogives de toutes nos églises gothiques. L'ordonnance entière de cet édifice est vicieuse et contrarie dans ses principales parties les loix fondamentales de l'eurithmie.

Nous ne serons donc point de l'avis de Palladio sur cet édifice. « On a remarqué, dit-il, que ce temple dont nous traitons, étoit le plus grand, le plus superbe et le plus riche de

(1) Architecture de Palladio, liv. IV.

(2) Temples anciens et modernes, L. M. p. 42.

(3) Ce frontispice entièrement détruit a été diversement dessiné par les architectes; les uns ne lui ont donné que six colonnes, les autres huit. Palladio, que nous suivons, en admet dix.

Rome;

Rome; et véritablement, tout caduc et tout ruiné qu'il est, ses vestiges montrent encore tant de grandeur, que l'on est émerveillé de penser quelle fabrique ce devoit être au tems de sa perfection » (1).

L'imagination de cet habile architecte frappée sans doute de la grandeur du module des colonnes et de l'immensité des arcades de ce temple, a dominé son jugement. Chambray semble aussi en avoir jugé d'après lui, puisqu'il avance que ce temple est « l'un des admirables ouvrages de l'antiquité; » mais nous croyons pouvoir présenter ce monument comme un de ceux qui nous désignent les premiers pas faits vers la gothicité. Nous pensons que c'est une véritable innovation dont on ne trouve aucun exemple dans l'ancienne Grèce, que l'art n'a rien gagné à cette innovation, qu'il se trouve même dans les profils des licences qui ne peuvent être imitées sans détruire l'harmonie dont ils sont capables. Telle est la suppression du larmier dans la corniche de l'ordre intérieur; et si nous dérogeons au jugement de ces artistes respectables, c'est que nous avons lieu de croire que les parties mutilées d'après lesquelles ils ont observé, ne peuvent faire prévaloir le jugement qu'ils ont porté sur les prétendues beautés de ce vaste édifice, dont l'ordonnance est généralement mal proportionnée, et dans son plan, et dans ses élévations.

Si nous passons de l'examen de ce temple à celui des arcs de triomphe, aussi érigés chez les Romains dans ce premier âge, nous y verrons une distribution lâche dans la plantation des colonnes, des ressauts désargréables dans les entablemens, une prodigalité d'ornemens qui prouvent que les architectes se sont trompés dans ce qui fait l'essence du vrai beau, en cherchant plutôt à

(1) Palladio, traduction de Chambray, livre IV.

flatter les yeux de la multitude, qu'à mériter les suffrages de la postérité. Ces preuves ne suffiroient-elles pas pour appuyer les assertions que nous avons avancées, et sur la décadence de la bonne architecture, et sur le rapport de cette dégradation avec le goût gothique.

Ne nous bornons pas à ces recherches, mais arrêtons-nous au quatrième siècle; et pour que la preuve devienne plus sensible, jettons les yeux sur un grand édifice qui existe encore de nos jours. Je parle du premier temple que Constantin fit ériger pour le culte public. La basilique de Saint-Paul à Rome, est presque toute gothique; on y voit déja l'irrégularité dans l'exécution générale et dans les détails particuliers. Son plan est entièrement conforme au systême de distribution qui avoit été suivi dans les basiliques antiques (1), c'est-à-dire, plusieurs files de colonnes. Il s'en trouve quelques rangs isolés dans cette basilique formant, avec les murs d'enceinte, cinq galeries, dont celle du centre est plus vaste, et celles des côtés égales entre elles.

Les colonnes dans ce temple n'ont point d'entablement; la naissance des petits arcs en pleinceintre qui les lient entre elles, partent du tailloir du chapiteau, les espaces étroites et intermédiaires à ces arcs, sont chargés de sculpture, ainsi que le dessous de chacun d'eux; au-dessus de ces mêmes arcs sont deux rangs de bas-reliefs, placés dans de grands compartimens, divisés

(1) Les basiliques chez les anciens étoient des salles immenses décorées de plusieurs rangs de colonnes et de plusieurs ordres d'architecture, formant des galeries latérales, et en ayant une principale au centre. Ces lieux étoient consacrés au concours des négocians et à celui des plaideurs. Le plan du temple de Saint-Paul étoit semblable à celui des basiliques, appelées chalcidiques, offrant à leurs chevets la forme d'un T. Celui des basiliques ordinaires ne dessinoit qu'un parallelogramme, dont le fond étoit terminé par une grande niche ou tour creuse.

seulement entre eux par des bandes peu larges, aussi chargées d'ornemens : plus haut, de petites arcades, qui ont été sans doute le modèle de celles que l'on a construites dans la plupart de nos églises gothiques, portent immédiatement la couverture de tout l'édifice, et les fermes qui traversent la galerie du milieu, sont toutes apparentes (1).

Eh ! comment le goût de la bonne architecture ne se seroit-il pas éteint, lorsqu'on voit des empereurs tels que Constance, fils de Constantin le jeune, et ses successeurs jusqu'à Théodore II, affecter de détruire pendant soixante années un si grand nombre de temples anciens dont ils pouvoient se servir comme de modèles de ceux que la religion leur inspiroit d'élever, ou pour les consacrer à l'usage de cette religion même. La rotonde, autrefois le temple de tous les dieux, maintenant celui de tous les saints (2), nous autorise à leur faire ce reproche : nous comptons maintenant au plus cinq ou six églises qui aient été des temples de l'ancienne Rome, qui nous font regretter tous ceux qui ont été détruits.

Suivons dans le bas-empire la marche de l'architecture gothique, et nous verrons que l'opinion avancée, n'est point dénuée de preuves. Le temple de Sainte-Sophie de Constantinople, célèbre sans doute par la superficie qu'il occupe, et par les masses de mâçonnerie qu'il présente, ne peut avoir que ce mérite aux yeux des connoisseurs, quoique ce soit dans ce temple fameux que l'on ait tenté, pour la première fois, la construction d'une coupole. Ce monument est tout entier dans le genre lourd, et nous

(1) Temples anciens et modernes, p. 127.

(2) Boniface IV le dédia à la Vierge en 607, et Grégoire IV en 610 à tous les Saints.

fait retrouver cette même architecture gothique, que nous reprochons à si juste titre au règne des empereurs Grecs.

Nous ne jugerons donc pas du temple célèbre érigé dans le sixième siècle par Justinien, avec l'enthousiasme de ce prince qui osoit insulter au temple de Salomon, ou plutôt c'est son historien lui-même qui va diriger notre jugement à cet égard.

« En vain chercheroit-on, dans Sainte-Sophie, quelque chose qui approche des ordres d'architecture inventés par les Grecs et les Romains. On y trouve bien des colonnes, mais d'une proportion éloignée des règles, mais avec des chapiteaux d'un goût si bisarre, qu'on ne sait à quel ordre ils appartiennent, mais sans entablement d'aucune espèce. C'est donc encore ici, comme dans Saint-Paul de Rome, une suite de petites arcades qui lient une colonne à l'autre, et dont les retombées posent immédiatement sur le chapiteau. L'espace qui sépare les piliers de l'Orient et de l'Occident de ceux qui portent la coupole est, comme je l'ai remarqué plus haut, occupé par un double ordre de colonnes. L'ordre inférieur a deux colonnes, le supérieur en a cinq, et voilà des porte-à-faux grossiers, sans compter le mauvais effet pour l'œil même le moins connoisseur » (1).

Nous ne citerons pas un temple antique situé près de Trevi, entre les villes de Spolette et de Foligne, que l'on dit être celui de Clitumne, et dont les chrétiens, au même siècle que celui de Sainte-Sophie, entreprirent la réparation pour leur usage; il est assez inutile de multiplier les exemples du mauvais goût. Mais

(1) Temples anciens et modernes, joint à sa description, pag. 170. Le plan de ce temple y est

ce qui nous paroît très-important, c'est de prouver que le goût régnant alors, étoit à-peu-près le même que celui du gothique, et que par conséquent cette sorte d'architecture précède de beaucoup l'invasion des Goths et des Vandales.

Si l'on fait de plus amples recherches sur tous les monumens construits et en Grèce et en Italie, ces lieux, auparavant si célèbres pour la bonne architecture, on verra que depuis l'époque que nous avons fixé, jusqu'au renouvellement de cet art, on ne trouve plus dans les différentes constructions que quelques fragmens qui décèlent le bon goût; ce qui prouve qu'il y avoit régné et qu'il y étoit perdu par l'ineptie des artistes. En France, au contraire, où ces mêmes artistes n'avoient pas sous les yeux le même nombre de modèles pour les guider, vous n'y trouvez rien qui annonce le goût vrai, si ce n'est quelques édifices construits dans les provinces méridionales de cet empire, et par conséquent les plus voisines de l'Italie. Nous citerons la Maison-Quarrée de Nîmes (1), l'un des monumens de l'antiquité le mieux conservé et des plus précieux par ses proportions et par ses détails; nous indiquerons aussi les vestiges des Tutels à Bordeaux, bâtis peu après Auguste et détruite depuis un siècle (2). Nous ajouterons plusieurs amphithéâtres dont les restes se voient encore, et quelques autres édifices, tous concentrés dans la même partie de la France. Ces monumens étoient trop rares pour permettre que l'on profitât de leurs ruines; c'est ce qui fait qu'à l'Occident et au Nord de l'Europe, l'architecture avoit pris dès ce tems un caractère tout-à-fait barbare, avec cette différence, que l'on n'y voit pas, comme en Italie, l'alliage de la bonne architecture avec la

(1) Palladio, liv. IV, et Clerisseau, Antiquités de la France, Paris 1778.

(2) Vitruve, traduction de Perrault.

gothicité, mais en récompense un caractère plus uniforme et plus soutenu.

Sur quels fondemens attribuerions-nous donc aux Goths et aux Vandales, le genre d'architecture qui porte leur nom? N'ont-ils pas aussi bien dévasté l'Italie, l'Espagne et les parties méridionales de la France, que le levant et le nord de cet empire? n'ont-ils pas occupés, après leurs conquêtes, ces différentes parties de l'Europe? Pourquoi, s'ils étoient les inventeurs de ce genre d'architecture, n'en auroient-ils pas suivi le même goût dans les édifices qu'ils ont bâtis par-tout où ils se sont établis? N'est-il pas bien plus simple de conclure qu'ils ont adopté eux-mêmes les principes reçus de leur tems, exécutés sur les modèles qu'ils avoient sous les yeux?

A ces preuves de fait que nous venons d'employer se joignent celles que nous tirons de l'histoire de ces peuples; elle nous apprend que les rois des Goths choisirent des architectes grecs et romains pour l'entretien des anciens monumens et la construction de ceux qu'ils voulurent élever : ils n'eussent pas employés ces artistes, s'ils avoient eu dessein de détruire et de faire oublier l'ancienne architecture.

Théodoric, chef des Ostrogoths et roi d'Italie, chargea Aloysius de rétablir plusieurs édifices de Rome et de ses environs. Boëce et Symmaque, littérateurs célèbres, qui avoient des connoissances sur l'architecture, présidèrent aux réparations que ce prince fit faire au théâtre de Pompée. Voici ce que Théodoric écrit à ce dernier : « Vous avez élevé des édifices magnifiques, et vous les avez distribués avec tant d'intelligence,.... qu'ils serviront de modèles à la postérité. Tout ce que l'on y voit est une preuve certaine de votre goût et de votre discernement. En effet, on ne sauroit produire de pareils chefs-d'œuvre, si l'on n'avoit l'esprit cultivé et le goût le plus épuré» (1).

Cassiodore, sénateur romain, littérateur distingué et secrétaire de ce prince, détermina, par son crédit, Amalasonte, reine des Goths, à favoriser les arts; elle voulut même que son fils Atalaric acquit des connoissances dans ce genre.

Achevons nos preuves par une nouvelle démonstration qui va donner de la force aux autres moyens que nous avons employés. Persuadé d'une part que la décadence de l'architecture, comme de tous les arts et de toutes les sciences, fut étroitement liée à celle de l'empire romain; que ce peuple, après avoir envahi et absorbé, pour ainsi dire, en lui seul presque tous les états qui couvroient la surface de la terre, ne pouvant plus se soutenir, est devenu à son tour la proie de tous les princes jaloux du titre de conquérant; qu'alors des révolutions continuelles qui se succédoient rapidement les unes aux autres, ôtèrent aux artistes et le tems et la facilité de s'instruire et de s'exercer dans les différens arts. L'architecture, comme toutes les autres sciences, fut obligée, en quelque sorte de se concentrer dans les cloîtres, où ceux qui les habitoient, moins fatigués par les guerres, plus appliqués par le genre de vie auquel ils étoient consacrés, leur donnèrent un asile. Aussi voyons-nous que les prêtres et les religieux se chargèrent de la conduite des bâtimens; que Léon, évêque de Tours, a fait construire, comme architecte, plusieurs édifices; que Saint-Germain, évêque de Paris, a donné le dessin de l'église que Childebert fit bâtir en l'honneur de Saint-Vincent; que Saint-Avit et beaucoup d'autres religieux, présidèrent à la construction des édifices de leur siècle; qu'en 835 Rumald, architecte de Louis-

(1) Vies des architectes, tom. I, pag. 122.

le-Débonnaire, fils et successeur de Charlemagne, érigea la cathédrale de Rheims. « Il y a apparence, dit Lenglet Dufresnoy, que c'étoit un ecclésiastique; car on ne trouve des architectes en ces tems que de cette espèce » (1).

JE sais que Blondel a avancé de nos jours « que les Goths introduisirent leur architecture, qui tire son origine du Nord, dans presque toutes les parties de l'Europe » (2). Je m'interdirai de traiter de vaine déclamation et de redite fatigante ce que dit cet auteur moderne à ce sujet, de même ce qu'il raconte dans son introduction sur la férocité des Goths. Je me contenterai de remarquer que ces assertions ne sont point conformes à l'histoire de ces tems.

Nous devons aux estimables écrivains Mai et Pingeron, d'avoir dissipés en partie les préjugés sur la prétendue fureur qu'on attribue aux Goths contre les chefs-d'œuvre des arts : on ne peut d'ailleurs les regarder comme les auteurs de l'architecture gothique. David Leroi va donner un nouveau poids à notre opinion. « Les architectes grecs étoient si renommés même alors (en 1178) que les Italiens les appeloient pour construire leurs plus beaux ouvrages : différens traits de l'histoire le prouvent, ainsi que la ressemblance de Sainte-Sophie et de Saint-Marc (de Venise). La disposition de Saint-Marc semble donc encore devoir être attribuée aux Grecs » (3).

C'EN est assez, sans doute, pour prouver que l'architecture gothique doit son origine à l'oubli des bonnes règles; que cet

(1) Tablettes chronologiques. t. III, p. 581, Paris 1763.

(2) Cours d'architecture, tom. I, pag. 190, 1771.

(3) Essai sur l'Histoire de l'Architecture, page xviij, Monumens de la Grèce.

oubli

oubli eût pour cause la décadence de l'empire romain ; que l'époque de cet oubli et de cette décadence est antérieure à l'invasion des Goths ; que ces peuples, par conséquent, ne sont pas les inventeurs de ce genre d'architecture qui mérite à peine ce nom.

Bien loin donc que ces mêmes Goths aient déterminé cette manière de bâtir, ils se sont, au contraire, rapportés au goût des architectes des peuples vaincus dans les édifices qu'ils ont fait ériger.

CHAPITRE XI.

Remarques sur la nature de l'architecture gothique.

Nous croyons, avant que de passer à la troisième espèce d'architecture, devoir examiner pourquoi tant de gens montrent de l'enthousiasme sur l'ordonnance gothique. Il en est parmi ceux qui louent cette sorte d'architecture, qui ne sont pas entièrement dépourvus de sens, qui ont même acquis une certaine connoissance des principes de cet art en général, et qui se confondent volontiers avec la foule des admirateurs sans principes et sans goût. D'où vient, et aux uns, et aux autres cette espèce d'engouement? puisque les artistes les plus célèbres de nos jours, ceux des tems antérieurs d'après lesquels j'ai écrit, conviennent que ce genre d'ordonnance est le triste effet de la décadence de l'art.

La grandeur, la forme des plans et l'élévation considérable de certaines églises gothiques et sur-tout des plus célèbres de nos cathédrales, me paroissent la cause principale de ces préjugés. Celle de Paris peut nous servir d'exemple; et cet exemple est applicable à beaucoup d'autres métropoles dont le tout ou les parties nous offrent la même ordonnance. L'église de Paris, quoiqu'elle ne soit pas citée comme le modèle d'un beau gothique, n'est pas cependant dénuée de tout avantage; mais si l'on veut rendre justice à cette basilique, on conviendra que ce qui y frappe le plus, c'est, d'une part, la grandeur de son plan, et de l'autre, la légèreté apparente de sa construction; la forme circulaire de ses piliers dans l'intérieur, la nature des arcades en tiers-point, et les voûtes qui sont ogives, donnent à l'œil la facilité de circuler et de s'échapper librement dans les galeries latérales; en sorte que l'imagination, flattée par le développement des surfaces, frappée de la hauteur excessive de la voûte principale comparée au diamètre de la nef, produit une admiration fondée sans doute, mais à laquelle bien des gens ne mettent pas de bornes: ajoutons à ces différens motifs une raison plus spécieuse encore, et qu'il est possible d'atteindre dans tout autre genre d'ordonnance, c'est le sombre mystérieux que la structure seule et l'espèce des vitreaux gothiques répand dans toute l'étendue du temple; et cet avantage est en partie étranger à sa construction.

Mais pour apprécier ce genre d'ordonnance, que l'on réduise l'église cathédrale dont il s'agit, des trois quarts de sa grandeur actuelle. L'édifice n'affectera plus l'imagination par son étendue et l'illusion sera dissipée. La même réduction, opérée sur un monument d'une ordonnance selon les ordres grecs, peut offrir de nouvelles beautés, si l'artiste a de l'habileté et de la finesse.

Nous ne craindrons pas, en citant pour exemple l'église de Notre-Dame, qu'on nous reproche de n'avoir pas choisi un morceau gothique qui soit des plus estimés; nous osons assurer que toute réduction faite aux temples les plus célèbres en ce genre, détruira l'aspect imposant qu'ils offrent; mais pour rendre d'autant plus sensible cette première réflexion, nous inviterons l'observateur à jetter un coup-d'œil sur la forme extérieure et intérieure de la Sainte-Chapelle à Paris, morceau peu considérable; ce temple est mis au rang des monumens gothiqnes des plus réguliers. Il conviendra aisément que la portion circulaire, qui dessine le chevet de ce temple, racheté par des lignes droites sur lesquelles s'élève une suite d'éperons rapprochés les uns des autres, ne laisse appercevoir que de longues et étroites croisées, qui produisent un mauvais effet en dehors ; et il n'offre dans son tout aucun aspect qui intéresse la vue.

Opposons maintenant à ces deux édifices un morceau d'architecture antique, beaucoup moins grand que le dernier, mais en cela même plus étonnant par l'effet qu'il produit ; je parle du temple de la Sybille, ou de Vesta à Tivoli (1) ; cet édifice est composé de vingt colonnes corinthiennes, formant un péristile extérieur au tour du temple. Le plan est circulaire et de vingt-sept pieds de diamètre ; son ordonnance entière est un stylobate ou piédestal rond, surmonté d'un ordre de colonnes que domine le corps du temple, dont l'exhaussement est couronné d'une voute sphérique qui fait pyramider l'ensemble de cette ordonnance. Ces dimensions, quoique très-bornées, présentent l'aspect le plus agréable, soit dans la forme du plan, soit dans la distribution des différentes parties, soit dans les belles proportions des colonnes, soit enfin dans le choix des ornemens qui enrichissent la frise ; l'esprit est satisfait des beautés réelles que ce petit temple offre au spectateur. En vain voudroit-on opposer, à la thèse que nous soutenons, qu'il existe certains édifices gothiques d'un foible module et dont les plans sont ingénieux. Sans doute, que pendant le long sommeil des arts, qui dura environ treize siècles, la nature a pu former des hommes doués d'imagination, comme architectes, dont les conceptions ont été intéressantes ; mais, semblables à la perle précieuse, dont l'enveloppe grossière la prive de son éclat, leurs ouvrages ne plaisent que dans leurs plans seuls, tandis que les élévations ne nous offrent que des

(1) Ce temple se voit dans tous les grands ouvrages d'architecture, dans Palladio, etc.

formes sauvages et barbares; toujours est-il vrai qu'il faut être artiste pour juger de l'intérêt d'une composition de ce genre.

De cette seule comparaison, ne pouvons-nous pas conclure que la réputation des temples gothiques tient à leur grandeur et à la légèreté de leur construction? car cette capitale présente un grand nombre d'édifices sacrés, bâtis selon cette même ordonnance, mais qui n'ont aucune célébrité; parce que les uns sont trop peu vastes pour fixer l'attention, et que les autres, quoique d'une grandeur remarquable, n'ont pas l'avantage des formes circulaires dans leurs piliers. Nous plaçons, dans cette dernière classe, l'église de Saint-Eustache; cet édifice est, après celui de la cathédrale, un des plus grands temples de Paris; mais, quelle différence! sa construction est lourde, son ordonnance un alliage monstrueux d'architecture ancienne et gothique, s'il frappe par sa hauteur gigantesque, il n'intéresse par aucunes beautés. Ce monument néanmoins est digne de l'attention des observateurs, parce qu'il sert d'époque au moment où l'architecture grecque a commencé à être admise dans nos temples; il nous prouve de plus avec quelle difficulté, la lumière qui brilloit en Italie, qui avoit même déja éclairé les artistes dans la construction de nos palais, avec quelle difficulté, dis-je, cette lumière a percé sur ceux des architectes qui présidèrent à l'érection de nos églises. Ce vaste édifice a été un siècle entier à bâtir (1). « L'architecte, dit Germain-Brice, y a fait paroître une horrible confusion du gothique et de l'antique, et a, pour ainsi dire, tellement corrompu et massacré l'un et l'autre, que l'on n'y peut rien distinguer de régulier et de supportable; ce qui fait que l'on doit plaindre, avec raison, la grande dépense qui a été faite dans cette fabrique, sous

(1) Les fondations en furent jettées en 1532, et l'église ne fut achevée qu'en 1642.

la conduite du maçon ignorant qui en a donné les dessins. »

Tout ce que nous avons dit de l'architecture gothique, prouve évidemment qu'elle n'a rien, ou presque rien de cet art perfectionné par les Grecs; elle semble d'ailleurs, par son colossal et par l'incorrection du dessin, avoir puisé sa méthode dans l'architecture des Egyptiens. Les premiers par l'ignorance des principes, les architectes en gothique, par l'oubli de ces mêmes principes, ont paru s'entendre à tenir la même marche dans leurs constructions; les uns et les autres ont cru présenter des édifices intéressans en en élevant de gigantesques. La plupart de nos cathédrales donnent la preuve de cette assertion (1).

Si de l'examen de l'ordonnance gothique, l'on passe à l'étude des procédés de construction employés par les architectes de ce même genre de bâtimens, l'on reconnoît que faussement on les a regardés comme les plus hardis constructeurs qui aient existé et que la science du trait les ait dirigés dans leurs édifices.

Bien loin que les constructions gothiques soient hardies, elles sont, au contraire, incertaines et timides comme leurs ordonnances, fruits de l'ignorance des siècles où elles ont été en vigueur. Pour se convaincre de la justesse de cette remarque, que l'on jette un coup-d'œil sur les voûtes gothiques, elles s'érigent presque verticalement sur leur points d'appui, ensorte que le poids spécifique de ces voûtes, qui, dans cet état, approche de très-près du centre de gravité, se soutient aisément, d'où suit qu'elles n'op-

(1) J'ai vu des figures égyptiennes que je pris au premier aspect pour des magots gothiques enlevés de leurs niches à quelques-unes de nos églises anciennes; mais j'ai été détrompé par l'examen des caractères égyptiens qui y sont gravés, ainsi que par l'authenticité de leur origine.

posent qu'un foible effort contre leurs culées; une telle construction n'a donc pas exigé des combinaisons bien étendues pour subsister; d'ailleurs, de quels élémens sont composés et les voûtes, et les arcs, et les bayes quelconques dans les édifices gothiques? dans les premières, des matériaux du plus foible échantillon en épousent avec facilité les formes; dans les seconds, les claveaux, d'un mince extrados, ont leurs coupes presque horisontales; et les bayes, celles en plate-bande, sont fermées par un seul morceau de pierre posé sur champ, ou ayant ses lits verticaux. De pareilles constructions n'offrent nulle part la science du trait que leurs auteurs ont ignoré, et sans lequel, cependant, il est impossible de rien construire de solide et de hardi tout ensemble.

C'est donc sans fondement que l'on a avancé de nos jours, à ce sujet, que « les architectes en gothique sont peut-être moins étonnans dans la construction des vastes temples, que dans les églises simples, et d'une capacité bornée; dans les premiers on apperçoit une partie des moyens employés pour en assurer la solidité; dans les secondes, *on ne voit que la science du trait*, et dans les soutiens les moins proportionnés à la charge, un àplomb qui les rend capables de porter les plus énormes masses » (1). Une pareille doctrine n'en imposera à aucun architecte instruit. Il faut qu'à l'avenir l'on cesse de célébrer un genre de bâtir vicieux dans son ordonnance, dont l'imitation rappeleroit la barbarie dans nos édifices; et dont les procédés de construction ne peuvent nous être que d'un foible secours.

(1) Année littéraire, tom. VII, lettre XVII, p. 348, n°. 35, an 1781.

CHAPITRE XII.

Troisième espèce d'architecture.

La troisième espèce d'architecture, est celle qui reparut d'abord en Italie, ensuite dans les autres parties de l'Europe, au quinzième siècle; elle n'est proprement que l'architecture antique, ressuscitée de ses propres cendres. Nous l'appellerons architecture moderne, parce que, quoiqu'elle ait suivi le style de l'ancienne architecture, la destination des édifices, les mœurs des nations pour lesquelles ils ont été élevés; le génie même des architectes ont occasionné des différences qui la caractérisent d'une manière assez distincte.

Cette architecture doit donc être rapportée aux Grecs et aux Romains, à qui nous en devons faire honneur. Elle a été, depuis l'époque que nous avons citée, pratiquée avec plus ou moins de succès par les différens artistes. On a vu s'élever de tous côtés dans l'Europe un grand nombre d'édifices, mais trop souvent livrés à des mains ignorantes ou capricieuses; ensorte qu'ils ne sont pas tous également dignes d'être comparés aux monumens antiques; et quelque soit le nom et l'autorité de ceux qui ont présidé à ces différentes constructions, nous ne croyons pas insulter à leur mémoire, ni à leurs talens dans le jugement impartial que nous pourrons porter de leurs différens ouvrages.

Cette

Cette troisième espèce d'architecture, quoique la même dans son principe, a cependant des nuances qui la distinguent de celle des Grecs ; nous croyons devoir la diviser en trois classes ; nous appellerons la première architecture grecque antique, imitée par les modernes ; la seconde, l'architecture italienne dont Borromini fut l'inventeur ; la troisième, l'architecture proprement dite françoise.

CHAPITRE XIII.

De l'architecture grecque antique, imitée par les modernes.

Nous voyons des modèles de cette architecture dans les royaumes les plus policés de l'Europe, mais singulièrement en Italie et en France. Les beaux édifices érigés dans ces différentes contrées tiennent de l'antique, soit par la distribution générale de leurs parties, soit par la division des membres principaux, et par l'esprit des détails qu'ils rassemblent.

C'est cette sorte d'architecture que Michel-Ange a employée, avec tant de succès, dans les trois branches égales de l'intérieur de Saint-Pierre de Rome; il a conservé le même esprit dans la coupole : on retrouve le même goût dans le palais Farnèse et dans le Capitole. Vignole, qui a succédé à Michel-Ange dans la construction de plusieurs édifices, ne s'est écarté de ce genre d'architecture, dans aucun de ceux qu'il a érigés. Le plan général du château Caprarole, si ingénieux dans sa distribution, et dont la situation, difficile à bien ménager, fait tant d'honneur au goût de l'artiste, prouve qu'il étoit plein des principes de la belle architecture. On trouve, dans l'excellent ouvrage de Palladio, un grand nombre de projets dont plusieurs ont été exécutés par ce célèbre architecte, et qui démontre qu'il a toujours été le plus fidèle observateur des anciens.

Mais pourquoi citerions-nous des exemples étrangers à notre nation, tandis que cette capitale seule nous offre des monumens si propres à fixer notre goût pour la belle architecture, la grande cour du Louvre, son péristile, les Tuileries, le Luxembourg, le le collége Mazarin, à quelques égards, la coupole des Invalides, celle du Val-de-Grace, la porte Saint-Denis, et enfin le grand portail de Saint-Sulpice, et le nouveau temple élevé en l'honneur de la patronne de Paris, tous monumens qui annoncent que les artistes qui y ont présidé, se sont entendus avec ceux des siècles précédens, pour faire revivre parmi nous l'architecture antique.

Nous ne regretterons plus, ayant ces monumens sous les yeux, ces édifices si vantés en Italie et dans les royaumes voisins, dont la gravure d'ailleurs nous expose les belles proportions. Les édifices que nous possédons au milieu de nous, deviennent, pour l'amateur et pour l'artiste, des sources fécondes, où ils peuvent puiser les principes les plus sûrs. Ainsi, nous trouvons dans les monumens modernes les plus estimés, tout ce que l'ordonnance antique offroit de sagesse et de majesté; et nous n'hésiterons pas à terminer ce chapitre, en assurant que cette architecture seule porte l'empreinte de l'art, que les règles les plus invariables lui servent de base, que l'œil le plus exercé et le plus délicat y voit des effets qui le surprennent et qui le flattent; avantage exclusif à tout autre genre d'architecture qui ne convient qu'à l'antique.

CHAPITRE XIV.

De l'architecture italienne, attribuée au Borromini.

Ce second caractère d'architecture a quelque chose de singulier et de frappant, qui fait que, quoique puisé dans les mêmes sources que le précédent, il en est cependant totalement distingué et dans la manière et dans les effets : François Borromini en est l'inventeur ; on retrouve cette sorte d'architecture dans toutes ses productions (1).

Cet architecte, qui ne manque pas de célébrité, paroît avoir étudié les procédés des anciens et connu leurs principes ; mais il n'admit pour règles, dans ses compositions, que son caprice ; de là, cette bisarrerie que l'on remarque dans tous les monumens qu'il fit construire. Les dessins de cet artiste se reconnoissent par les retours fréquens, par les ondulations multipliées que présentent ses plans et ses élévations. L'église des Théatins, à Paris, nous offre un exemple de cette architecture, que je nommerai anguleuse, parce que les angles sont prodigués dans ce genre de construction. C'est Guarini, élève de Borromini, qui a construit ce temple ; ce religieux théatin se montre le digne disciple d'un tel maître, par la ridiculité de cette construction.

(1) Cet architecte naquit à Bissone en 1599, dans le diocèse de Côme, et mourut en 1667. Ils fut élève de Maderno, auteur du portail de Saint-Pierre et du prolongement de la nef de cette fameuse basilique.

Le Borromini ne se contenta pas de tracer une route nouvelle dans les proportions de son architecture, il porta la manie et le mauvais goût jusqu'à assujettir à son genre, tout singulier qu'il étoit, des édifices antiques qu'il devoit, ce semble, respecter. La nef de Saint-Jean de Latran, à Rome, l'accuse de cet attentat; aussi est-ce avec justice qu'il est condamné dans un ouvrage comme coupable du crime de lèze-antique (1).

Il n'est pas surprenant que cette nouvelle architecture ait eu des partisans; il est par-tout des gens amis de la nouveauté; des architectes médiocres, d'ailleurs, ne pouvant se faire un nom par des édifices d'une ordonnance régulière, s'efforcent de s'en faire un par des constructions originales. On a vu trop d'artistes déshonorer l'Italie par des productions de ce genre, et cette contagion ne tarda pas à se répandre dans les contrées voisines.

On ne sauroit trop prémunir et les amateurs, et les artistes contre cette sorte d'architecture, et leur faire comprendre que tout ce qui ne tient pas aux principes et aux règles, quelque séduisant qu'il paroisse, est indigne de leur attention et de leurs recherches.

(1) Temples anciens et modernes, pag. 68.

CHAPITRE XV.

De l'architecture proprement dite françoise.

Le troisième caractère de l'architecture, est celui que prit à la fin du dernier siècle, et jusqu'au milieu de celui-ci, l'art d'élever des édifices. Tous les bâtimens construits à cette époque, portent le même caractère ; mais il est aisé de s'appercevoir qu'un très-grand nombre de bâtimens a été confié à des hommes servilement assujettis à une aveugle routine.

Cette architecture, quoique moins ridicule peut-être que la précédente, n'en est pas moins vicieuse. Si nous la considérons dans les grands bâtimens destinés à l'habitation, elle nous paroîtra comme un vrai squelette, maigre, havre et chétive : si nous l'étudions dans nos temples, nous la trouverons, dans ses masses, et dans les formes d'une pesanteur qui toujours s'oppose à l'effet; si nous la suivons dans ses détails, et employant les différens ordres de l'architecture, nous appercevrons des bases de colonnes mal profilées, des chapiteaux d'une mauvaise proportion, des entablemens d'une distribution défectueuse ; sans harmonie dans les coupes, les voûtes en sont peu agréables et rarement enrichies; les fermetures des portes et des croisées consistent dans des segmens de cercle, ou des courbes surbaissées.

Si cette architecture eût conservé le crédit qu'elle avoit obtenu pendant plus d'un demi-siècle, cet art eût été perdu pour la France. Mais les changemens qui se sont opérés depuis trente ans; les monumens d'un bon genre qui ont été construits au milieu de nous, raniment l'espérance et annoncent que la nation qui avoit produit Pierre Lescot, Philibert Delorme, Debrosses, François Mansard, Perrault et François Blondel (1); que cette nation, dis-je, n'a rien perdu de sa vigueur; et qu'après le repos d'un demi-siècle, elle enfante encore d'habiles architectes qui l'honorent, par un goût exquis, par l'amour du vrai beau, et l'attachement le plus inviolable aux règles de la belle architecture.

J'ai dit, après le repos d'un demi-siècle; et il n'est pas inutile de remarquer, en passant, que la véritable cause de cette altération a été la minorité de Louis XV. Il est rare en effet, sous un règne naissant, que le gouvernement se propose de grandes entreprises, circonstance qui plongea nécessairement les architectes dans une espèce d'inaction toujours nuisible à l'art; à cette première cause s'en joignit une seconde particulière. L'élégant auteur du discours sur le progrès des lettres va nous la développer. « Le système de Law, dit-il, qui changea, il y a quelques années, la fortune de presque tous les citoyens, changea aussi les mœurs publiques et particulières. La révolution devint générale dans le moral comme dans le physique........ Le goût de la littérature et des arts éprouva la même révolution que les mœurs..... La stupide opulence paya les arts, gagea l'artiste et commanda au génie des grotesques...... La noble et majestueuse simplicité de nos ancêtres disparut...... » (2).

On vit en effet, à cette époque, s'élever un grand nombre

(1) Auteur de la porte Saint-Denis.

(2) Discours sur le progrès des lettres en France, par Rigoley de Juvigny, p. 147, 149 et 150.

d'édifices; mais comme les entreprises intéressoient plus les riches particuliers, que l'état lui-même; que d'ailleurs c'étoit moins, dans ces circonstances, les talens que la recommandation, le caprice, et mille autres vues particulières qui produisoient l'artiste; les principes furent bientôt oubliés, le bon genre méconnu, malgré le grand nombre d'excellens modèles qu'on avoit sous les yeux. Ils furent non-seulement oubliés; mais, en quelque sorte, dégradés par l'ineptie des entrepreneurs; on osa bâtir, au pied de la colonnade de l'immortel Perrault, y adosser même des maisons particulières: l'intérieur de la cour du Louvre ne fut pas plus respecté; et l'on porta, jose le dire, la profanation jusqu'à construire des échoppes et des cabanes dans l'enceinte de ce magnifique palais. Est-il un amateur qui ne se rappelle, sans en rougir, les allées longues et étroites par lesquelles il falloit circuler pour parvenir à la principale entrée de ce magnifique édifice?

Faut-il donc s'étonner si, dans les siècles de barbarie, les précieux restes des antiques furent livrés au plus odieux mépris; Si des corps de mâçonnerie, désagréables à la vue, ont impitoyablement étouffé des chefs-d'œuvre, et en Grèce et en Italie? il n'est point d'excès auquel ne se porte le mauvais goût, quand une nation a perdu es traces du vrai beau: un maréchal établit sa forge, sans éprouver de réclamation, dans le temple de Tivoli, autrefois consacré à Vesta, dont nous avons parlé plus haut; de vils marchands de toutes les espèces, fixent leurs demeures sous le riche portique de la Rotonde, sans que personne ne s'y oppose.

Mais ne sera-t-on pas tenté d'appeler du jugement rigoureux que nous portons ici sur l'état de l'architecture dans les premières années de Louis XV? Pour démontrer ce que nous avançons, nous ne manquerons pas de preuves. L'époque de la construction

construction du grand portail de Saint-Sulpice va nous servir à appuyer cette assertion. Ne falloit-il pas que la France fût bien dépourvue de vrais architectes en 1730, pour qu'on fût obligé de mettre en œuvre le talent d'un étranger préférablement à celui de tout autre architecte de la nation ? S'il s'en fût trouvé alors, peut-on croire que ceux qui ont influé sur cette entreprise, les eussent méconnus au point de les écarter tous ? Ne vit-on pas, au renouvellement des arts, lorsque François I eut décidé de construire le palais du Louvre, que les projets de Pierre Lescot, né à Paris, l'emportèrent sur ceux de Sébastien Serlio, de Bologne, quoique ce prince eût mandé celui-ci d'Italie, sur la haute réputation qu'il s'étoit acquise parmi les grands hommes de cette contrée. Ne vit-on point le même événement se renouveler sous Louis XIV, lorsque ce monarque chargea le chevalier Bernini de lui présenter des projets pour la façade qui sert d'entrée à cet édifice du côté du levant; Claude Perrault l'emporta, avec justice, sur ce concurrent; et au jugement de tous les gens de goût, la composition de celui-ci, telle qu'elle est exécutée dans cette partie, est bien supérieure à celle de l'Italien.

Il est donc évident que la France, au commencement de ce siècle, manquoit de bons architectes; elle pouvoit offrir, tout au plus, des dessinateurs habiles, tels que les Meissonier, la Joüe et Oppenort. On ne peut leur refuser ce genre de célébrité; ce dernier, sur-tout, excelloit par la facilité de ses dessins; il n'en fut peut-être que plus dangereux par les prestiges de sa plume. Les gens dépourvus de principes, ignorent en quoi consiste le vrai mérite de l'architecture, se laissent facilement séduire par l'attrait du dessin, et, sous cet appas, la barbarie et le mauvais goût ne tardent pas à s'insinuer dans cet art.

AUSSI, en moins de trente ans, vit-on, à Paris, presque tous les édifices prendre un nouveau caractère d'ordonnance. Nos temples ne furent pas plus épargnés par la contagion de ce mauvais goût; on pouvoit reprocher à ce genre d'édifices, il est vrai, de ne pas réunir chez nous les qualités essentielles aux bâtimens consacrés à la religion; mais au moins dans le genre qu'on y avoit suivi, au dernier siècle, étoient-ils, laplupart d'un assez bon style dans leur ordonnance. Qu'il est à regretter de voir le plus grand de nos temples modernes, celui de Saint-Sulpice, offrir, dans ses proportions et dans ses ornemens, le caractère le plus défectueux? Que l'on observe, dans sa construction extérieure, les contre-forts ou arcs-boutans des voûtes; ils sont informes dans leurs profils et découverts à l'œil du spectateur au lieu de lui être dérobés. De grandes et maussades croisées, égales en hauteur, à la vérité, mais de largeur différente dans la partie du chœur au Nord et au Midi, ainsi que dans le rond-point, donnent à cet édifice un aspect disproportionné qui blesse la vue. Qu'on se porte successivement aux deux portails latéraux; les proportions générales et les particulières en sont choquantes; qu'on rentre ensuite dans l'intérieur de ce temple, on y verra par-tout les mêmes irrégularités et les mêmes défauts : la voûte sphérique, faite pour lier les quatre branches de la croix; les diverses chapelles qui entourent cet édifice, sans excepter celle de la Vierge, dans sa première ordonnance; les différens retables qui servent à décorer les chapelles, tout y porte un caractère vicieux, qui tient à ce mauvais genre d'architecture. (1).

(1) La chapelle dédiée à la Vierge dans ce temple, en est, comme l'usage le requiert, une partie importante; le plan qui est ovale, a son grand diamètre de 54 pieds et son petit de 40 pieds; mais la forme est en partie détruite par la grandeur de l'arcade qui lui sert d'entrée et qui l'attache au rond-point. D'ailleurs une voute sphéroïde, en rappelloit la forme ovale du plan, et en diminuoit aussi la grandeur par son excessive élévation. L'ordonnance principale qui

Cet exemple nous suffiroit seul pour prouver qu'il a été un tems de sommeil pour l'architecture; mais comme nous nous sommes faits un devoir de ne rien négliger de ce qui peut épurer le goût, nous ne croyons pas devoir garder le silence sur quelques édifices qui se sont faits un nombre de partisans. Le portail de Saint-Roch, ceux des églises de l'Oratoire, des Jacobins et de Saint-Louis du Louvre, portent tous ce caractère vicieux d'architecture; et quoiqu'on pût faire une partie des mêmes reproches à ceux du Val-de-Grace, de Saint-Gervais, des Feuillans et de la Sorbonne, du côté de la place, à cause des ordres qui y sont élevés les uns sur les autres; on y remarque au moins une pureté dans les principaux membres des ordres en particulier, qui les distingue de tous les portails précédens, et fait supporter les fautes qui y ont été commises.

Si des édifices publics nous passons à ceux qui sont destinés à l'habitation, nous trouverons des exemples en plus grand nombre, et plus frappans encore, du style défectueux que l'on suivoit à cette époque. Que l'on consulte l'ouvrage volumineux intitulé: *de l'Architecture françoise*; qu'on parcoure ensuite les principaux quartiers de cette grande ville, dont les différens monumens sont amplement détaillés dans ce livre; dans l'un on y verra l'hôtel d'Evreux; dans un autre, l'hôtel de Soubise; ailleurs, celui du petit Luxembourg, et tant d'autres bâtis pendant les soixante premières années de ce siècle, dans le même genre et par conséquent avec les mêmes défauts.

Il ne sera peut-être pas inutile, avant de terminer cette

est due à Meissonier et dont Servandoni rectifia en partie les formes tourmentées, est, en général, mal combinée. Mais cette chapelle a été assujettie à une proportion nouvelle il y a vingt ans.

matière, de consacrer un chapitre particulier à l'exàmen des projets proposés, et des plans adoptés pour le grand portail de Saint-Sulpice. Ce détail nous conduira nécessairement à fixer le passage de l'architecture arbitraire, à celui de l'architecture plus régulière et plus noble, telle qu'elle paroît s'exercer de nos jours.

CHAPITRE XVI.

Du genre d'architecture adopté au portail de Saint-Sulpice.

En considérant la manière que s'étoient faite les architectes dans les premières années de ce siècle ; en étudiant, sur-tout, l'esprit qui a présidé à la construction de l'église de Saint-Sulpice ; ne devoit-on pas s'attendre que le péristile qui restoit à faire, participeroit à ce goût repréhensible. Meissonier et Oppenort furent consultés, comme ils devoient l'être, puisqu'ils jouissoient alors de quelque réputation. Entre leurs mains, cet édifice ne pouvoit échapper au mauvais goût qui les avoit conduit ; ils présentèrent l'un et l'autre leurs projets, ceux du dernier furent acceptés, et déja on lui avoit permis d'en jetter les fondations, qu'il commença dans la partie du Midi. L'intelligent pasteur qui gouvernoit alors cette paroisse, Languet, guidé sans doute par son goût naturel, averti peut-être aussi par les observations des amateurs, suspendit tout-à-coup ses premiers travaux. Il voulut s'éclairer par de nouveaux dessins, afin de donner à son entreprise tout le succès qu'on en devoit attendre. Il proposa au concours l'honneur d'être chargé de cet important édifice. Servandoni (1), déja connu, savant décorateur, proposa ses

(1) Nicolas Servandoni, né à Florence le 2 mai 1695, et mort à Paris le 19 janvier 1766.

dessins et obtint une juste préférence sur tous les concurrens. L'exécution de son ouvrage prouve que cette préférence lui étoit due.

Il est vrai que si l'on jugeoit du mérite de cet artiste par les premiers dessins qu'il présenta, quoiqu'ils n'offrissent point ces formes tourmentées et mesquines qu'on peut reprocher à ceux des autres architectes, ses rivaux, ils avoient encore des imperfections réelles qu'il est aisé d'appercevoir dans le modèle en bois et dans plusieurs autres dessins du même architecte, que nous avons été en état de consulter (1). Mais Servandoni, dut aux ressources de son génie, de saisir les défauts que l'ensemble lui fit successivement appercevoir, et d'y substituer les beautés que nous admirons dans ce grand corps d'architecture. Il est constant que la construction du portail de Saint-Sulpice a fait renaître le goût des belles-formes, alors oubliées. Ce monument en offre la plus heureuse application, dans toutes ses parties, comme nous le démontrerons dans la suite.

Ce que nous avons exposé suffit, sans doute, pour distinguer les différens caractères de l'architecture moderne, et pour déterminer aux motifs de préférence que nous croyons devoir donner au premier de ces trois caractères, le mérite reconnu de l'architecture antique, auquel tient le premier d'entre eux, l'avantage qu'il a de rendre beaucoup mieux les diverses expressions que l'on a droit d'attendre de chaque sorte d'édifice, lui mérite ce degré de prééminence, ou plutôt devroit exclure les deux autres caractères de la concurrence avec lui.

Ces différentes considérations nous conduisent à examiner ce

(1) Je possédai en 1776 les différens dessins originaux de Servandoni ; j'y reconnus, avec le plus grand intérêt, la marche progressive que tint cet architecte, pour atteindre à la perfection dans l'ordonnance de son portail.

que l'on appelle style en àrchitecture, car l'architecture moderne, comme l'antique, l'emploie avec succès. Il n'est point indifférent à l'élève, comme à l'amateur, de connoître en quoi consiste le style.

CHAPITRE XVII.

Du style en général.

Quoique le nom de style soit employé dans la littérature, l'on en fait également usage dans la matière que nous traitons. Il consiste, par rapport à la première, dans cet arrangement des mots, cette disposition des phrases qui rend la diction pure et élégante : tantôt majestueuse et sublime, tantôt douce et insinuante, quelquefois forte et persuasive, et toujours noble, même dans sa simplicité. Ce nom, et ces différentes qualités, s'appliquent avec autant de vérité aux autres arts, et singulièrement à l'architecture. Le style, en architecture, dépend en partie, du lieu, de la nation où se construit un édifice ; comme le style, dans la littérature, est assujetti au langage, aux mœurs, au génie des peuples pour lesquels on écrit. Un architecte qui n'a point de style, ou qui en contredit les règles, est donc aussi défectueux dans ses ouvrages, qu'un auteur qui, ne sachant point écrire, se contente de placer, au hasard, les mots qui expriment ses idées telles qu'il les a conçues. Il importe donc, de donner ici, une notion juste du style, et de sa nécessité. Le style, en architecture, consiste dans le choix, la disposition, et la pureté des différentes parties qui composent un édifice. Par un choix juste, les membres d'un bâtiment offrent des formes qui lui sont propres ; par une belle disposition, les parties se répondent entre elles, se font mutuellement valoir ; par la pureté, ces parties produisent

produisent une harmonie heureuse ; et du concours de ces trois qualités fondamentales, il en résulte un tout conforme à sa destination.

Nous ne serions pas obligés de nous étendre beaucoup sur cet objet, si la différence des opinions n'influoit pas nécessairement sur la différence du style ; nous nous contenterions d'indiquer le style simple, comme le seul qui puisse réunir en même tems le vrai goût et la véritable utilité, si les hommes ne se fussent pas écartés de cette égalité parfaite qui les unissoit entre eux dans les premiers âges. Comme ils n'eussent eu que des besoins réels, comme ils eussent ignoré cette différence d'état et de fortune qui inspire aux uns le faste, le luxe et la mollesse, tandis qu'elle tient les autres dans l'obscurité, on n'auroit pas remarqué cette énorme opposition qui se trouve entre le palais du grand, la maison de l'opulent et la cabane du pauvre ; la divinité seule eût eu des temples plus spacieux et plus ornés. Mais la diversité des états, établissant entre les hommes des nuances graduées, met aussi, entre les édifices qui sont destinés à leurs usages, des différences nécessaires ; elle en met, par conséquent, dans le style qu'on emploie dans les diverses constructions. Avant de traiter du style en particulier, dont les divers édifices sont susceptibles, je dois faire connoître ce que l'on entend par pureté de style en architecture, qualité qui influe beaucoup sur la perfection de cet art.

CHAPITRE XVIII.

De la pureté du style.

Entre les qualités distinctes qui constituent le style en général, savoir : le choix des parties, leur disposition et leur pureté dans l'ordonnance des édifices ; la dernière d'entre elles est la plus difficile à obtenir. Le petit nombre de productions qui existe en architecture d'un style pur, est la preuve de cette assertion. En conséquence, nous allons traiter particulièrement de la pureté du style, sans laquelle les plus beaux monumens ne peuvent être cités comme des chefs-d'œuvre.

En effet, il ne suffit pas d'imprimer aux édifices le caractère qui leur appartient, il faut encore que les proportions différentes, et les ornemens que l'on y remarque, quoique d'un bon genre, soient d'un style pur. Définissons cet attribut, commun aux arts de goût.

L'on dit en peinture et en sculpture, que le style de tel ouvrage est pur, lorsque le dessin en est, non-seulement correct dans l'ensemble, mais aussi, quand les détails minutieux en sont élagués, en sorte que les formes principales s'y prononcent d'une grande manière. Quelques figures antiques, et en général les tableaux de Raphaël et de le Sueur, offrent les exemples les plus instructifs sur la pureté du syle, les uns en sculpture, les autres en peinture.

L'on dit, d'un édifice, que le style en est pur, si l'ordonnance entière est dans l'esprit des proportions des plus beaux monumens de l'antiquité, si l'artiste a su y admettre des transitions heureuses dans les divisions, et en rejetter, selon l'espèce du module, l'emploi de petits membres nuisibles à la netteté des rapports dans un bâtiment.

En général, les masses partagent, avec les profils et les divers accessoires, les défauts, comme les perfections, dans un morceau d'architecture. Quelquefois, cependant, certaines des parties sont d'un style pur, tandis que le reste est, au contraire, vicieux. Dans ce cas, tantôt les masses de tel ou tel édifice sont bonnes, et les détails mauvais, tantôt ceux-ci sont heureux, et les premières repréhensibles.

Il suit de cette observation que le style d'un monument peut être convenable à sa fin, quoique plus ou moins correct; il peut être pur, et disparate tout ensemble, au regard de son objet.

Afin de nous familiariser avec la matière que nous traitons, examinons, sous ce rapport particulier, différens édifices bien connus.

Les quatre temples les plus célèbres qui existent en Europe, Saint-Pierre de Rome, Saint-Paul de Londres, ceux des Invalides et de Sainte-Geneviève à Paris, se présentent les premiers; voici les leçons utiles que leur étude nous procure à ce sujet.

La basilique de Rome s'écarte de la pureté du style dans plusieurs parties de son plan et de ses élévations. Dans le plan, par la prolongation de la nef, par la distribution de son portail, ainsi que par les pans coupés, qui lient à l'extérieur, les tours rondes des trois branches principales. Dans les élévations, par l'ordonnance de ce portail, malgré l'avantage d'un seul ordre colonne, mais engagé dans des masses de maçonnerie, et d'un foible relief; ordre, dont le module extraordinaire de 9 pieds, a d'ailleurs nécessité des réductions vicieuses dans les principaux membres de son entablement. Quant à la décoration intérieure de ce temple, elle n'est pas également exempte de tout reproche dans la pureté du style. Telles sont les causes les plus sensibles d'altération en ce genre, qui existent dans ce monument magnifique. Tels sont les exemples d'instructions qu'il nous procure à ce sujet.

La basilique de Londres, déroge d'une manière bien plus frappante, et presqu'absolue à cette même pureté dans sa composition. Cette vérité se démontre par la nature des proportions des parties différentes de cet édifice. Au dehors, le frontispice est décoré de deux ordres élevés l'un sur l'autre, et dont les colonnes sont couplées sur une ligne parallèle à l'horison. Au dedans, un grand et un petit ordre pilastres enrichissent les pieds droits des nefs et du chœur. L'entablement du premier est seulement complet à-plomb du grand ordre pilastre. Les arcades qui reposent sur le petit ordre, s'élèvent dans la hauteur de l'architrave et de la frise de ce même entablement.

Les supports du dôme, décorés aussi de pilastres, sont ouverts par un premier rang d'arcades qui s'érige immédiatement au-dessus de la corniche de ce grand ordre, et pénètre son acrotère.

Un second rang d'arcades, dont les courbes sont d'une espèce différente de celle des premières, s'élève sur ce même acrotère.

Voila des dissonances sensibles dans le style de ce temple, si justement célèbre néanmoins par sa vaste étendue et sa coupole ingénieuse. Voilà les leçons qu'il offre pour déterminer les idées que l'on doit prendre des vices contre la pureté du style.

Le temple des Invalides, dont les masses sont bien proportionnées, manque de pureté dans son ordonnance extérieure et intérieure. En effet, le plan particulier de son portail, des trumeaux dans le tambour du dôme sont établis sur ses axes principaux, les formes bombées de toutes les bayes, les arcades intérieures inscrites, et de proportions disparates entre elles, intermédiaires aux colonnes qui enrichissent les piliers de ce dôme, les angles aigus dans le plan de l'entablement de cet ordre, au regard de celui des mêmes piliers; les profils, en général, sont autant de vices qui démontrent que le style, dans ce superbe édifice, n'est pas aussi pur que le comportoit l'heureuse disposition des masses.

Le temple de Sainte-Geneviève perd aussi beaucoup à l'égard du style, et dans les masses de son plan, et dans les proportions des ordres qui y sont mis en œuvre. D'abord, à l'extérieur, le péristile du frontispice est vicieux dans le plan, par les colonnes en arrière-corps qui accompagnent ses extrémités, et par l'espèce de pilastre, qui, à compter du portail, charge tous les angles saillans de l'enceinte du temple, ainsi que par les pans coupés qui en lient les quatre branches; telles sont les atteintes, dans les masses, contre la pureté du style. Ensuite, les parties essentielles des ordres, et intérieurs et extérieurs, y sont altérées dans leurs membres principaux; les voûtes enfin, pénétrées par une foule de lunettes, et enrichies d'ailleurs d'ornemens d'un mauvais choix, dérobent la pureté du style qui devroit exister dans un monument aussi important.

Maintenant, si nous poursuivons nos recherches sur des édifices d'un autre genre, tels que le péristile du Louvre, le palais du Luxembourg, et la porte Saint-Denis; nous dirons que les deux premiers, malgré les grandes beautés qu'ils contiennent, ont néanmoins des taches qui en déparent le style; tandis que le troisième n'en offre aucunes, ce qui le constitue un chef-d'œuvre.

Le péristile du Louvre, malgré le grand style qui y est empreint, laisse à desirer cependant une pureté qui n'existe pas dans les proportions des croisées de son sousbassement, et aussi dans l'application des pilastres qui couvrent les angles de ses pavillons (1).

Le Luxembourg, dont les différens ordres sont chargés de bossages, dont les façades principales, et sur la cour, et sur le jardin, ont un avant-corps au centre, avec des proportions que l'on pourroit appeler sauvages, terminées d'ailleurs par un attique étranger à l'ordonnance des pavillons, offre autant de disparités qui portent, à son style, un échec sensible.

L'arc de triomphe, nommé porte Saint-Denis, présente une masse dans un heureux rapport entre sa largeur et sa hauteur; la grande arcade qui la pénètre ne la détruit point. Les piédestaux qui accompagnent les pieds-droits (il faut oublier ici les petites bayes commandées par le service public), les obélisques qu'ils

(1) Dans une élévation gravée par le Clerc, l'on n'y voit point de croisées dans les soubassemens des arrières-corps au-dessous des péristiles, en leur place sont distribués quelques ornemens. Ce parti étoit plus heureux et plus correct.

portent, enrichis des plus belles sculptures; le superbe bas-relief placé au centre du monument, le noble et bel entablement, surmonté d'un acrotère qui termine l'édifice; tels sont les élémens et la source de la perfection de cet arc de triomphe magnifique, dont le style harmonieux est tout-à-la-fois conforme au genre qui lui convient, et de la plus grande pureté dans son ordonnance entière.

Après l'examen que nous venons de faire du degré de perfection, ainsi que des altérations qui existent dans le style des monumens les plus estimés, nous croyons avoir fixé les idées que nos lecteurs doivent prendre de la pureté dans la décoration des bâtimens; mais pour compléter l'instruction sur le style propre à l'architecture, nous allons indiquer, dans le chapitre suivant, les différentes sortes de style et les constructions auxquelles chacun d'eux est consacré.

CHAPITRE XIX.

Du style en particulier.

Si le style en général est l'arrangement et la disposition des différentes parties qui composent un bâtiment, chaque édifice particulier doit donc être assujetti à un style qui lui est propre; c'est-à-dire, qu'il doit avoir des proportions déterminées par l'objet de sa destination. Un architecte qui emploieroit, dans tous ses bâtimens, la même eurithmie ou ordonnance, seroit aussi repréhensible qu'un poëte qui, pour raconter les exploits des guerriers, admettroit le ton de l'idylle ou de la fable; l'un et l'autre ne nous offriroit qu'un caractère vicieux, parce que le caractère convenable n'y seroit point observé.

Mais comment assigner le genre propre à chaque construction, quand on considère cette diversité d'édifices, que les besoins publics ou particuliers déterminent. Cette notion, en architecture, est peut-être la plus importante, mais aussi la plus difficile à bien saisir; faute de la connoître ou de s'y assujettir, un artiste, avec du goût et même de l'imagination, est exposé à faire des fautes graves que la postérité lui reprochera toujours, et qui seules sont capables de faire suspecter ses talens. Il n'existe que trop d'exemples de bâtimens qui manquent de caractère; il est d'habiles architectes qui, souvent entraînés par le caprice des propriétaires, et aussi dans le desir de fixer le spectateur par l'éclat de leurs

leurs compositions, prodiguent par-tout une richesse et une légèreté de division, qui donnent à leurs bâtimens un ton absolument égal, monotone, et souvent ridicule par son déplacement. Il en est d'autres qui, n'ayant pour fonds principal de talent, qu'une compilation mal digérée sur les chefs-d'œuvre de l'art, à l'aide d'une mémoire facile, nous présentent, dans leurs productions, des ordonnances informes et disparates.

Il faut donc que la distribution d'un temple, soit différente de celle d'une prison, que l'ordonnance d'un monument sépulcral ne ressemble point à une salle de spectacle. Cette diversité est essentielle. « Mais on ne peut que la sentir, et malheureusement les artistes ne la sentent pas toujours assez. Souvent les genres sont confondus » (1).

Pour fixer nos idées sur une matière aussi vaste, et donner de l'ordre à ce chapitre, nous partagerons en trois classes tous les édifices possibles, et suivant toujours la comparaison que nous avons établie entre la littérature et les arts; nous dirons que, si dans l'éloquence on distingue le simple, le tempéré et le sublime, on distingue également trois degrés dans le style en architecture, auxquels répondent les trois ordres dont nous parlerons dans la suite; savoir, le style simple, où le Dorique peut être employé; le style tempéré, auquel peut s'appliquer l'Ionique, et le sublime, qui peut faire un usage avantageux du Corinthien.

S'il s'agissoit donc d'assigner un style à un édifice destiné à renfermer des coupables; quoique ce genre de construction ne paroisse susceptible d'aucun ornement, l'on pourroit néanmoins

(1) Beaux arts réduits aux mêmes principes, tom. I.

se fixer au dorique; mais pris à l'origine de cet ordre, c'est-à-dire aux premières constructions qui en ont été faites; parce que, de simples corps de mâçonnerie pourroient suffire dans l'ordonnance d'un tel bâtiment, où il faut que les masses, dans les hauteurs, comparées aux largeurs, que les pleins eu égard aux vuides, que les profils, dans toutes leurs distributions, portent un caractère fortement prononcé.

Par une suite nécessaire, ce même ordre pourroit être utilement employé dans la composition d'un monument sépulcral. Ses divisions, quoique peu nombreuses, seroient alors plus composées et moins rares que dans la première espèce d'édifices. Cette sorte d'ordonnance a, dans son extérieur, une forme qui lui est propre chez presque tous les peuples, il s'élève communément en pyramide, mais à la rigueur on peut s'écarter de cette règle, et nous en avons plus d'un exemple.

Malgré la sévérité de ce genre de monumens, les décorations, soit intérieures, soit extérieures, sont susceptibles d'oppositions intéressantes, et on pourroit les rendre sensibles, ces oppositions, en plaçant, avec art, des bas-reliefs et des inscriptions, seuls ornemens qui puissent s'accorder avec cette sorte d'édifices. Par-là on interromproit les lisses des murs d'enceintes, et l'on conserveroit cependant ce froid, cette espèce d'horreur que doit naturellement inspirer l'idée de la mort.

Ainsi, une prison ou un monument sépulcral composé avec les attributs respectifs que nous venons de décrire, auront ce caractère qui leur convient, et offriront des exemples sensibles du style simple en architecture.

Je dirai maintenant que l'ordonnance des maisons de ville destinées à l'habitation de l'homme d'état; que les bâtimens construits pour les grands propriétaires dans leurs domaines, relèvent du style tempéré. Je dirai aussi que les ordres dorique et ionique leur conviennent également. Et quoique j'aie déja attribué le dorique au style simple, je le désigne encore ici propre au style tempéré. En effet, la grande diversité qui existe dans les proportions de cet ordre, autorise son admission dans deux styles différens.

Si donc l'on veut ériger une maison de ville importante, il faut que dans le plan, une masse principale domine sur toutes celles environnantes, qu'un seul ordre dorique ou ionique occupe le centre de la composition, que dans les élévations les pleins l'emportent sur les vuides, enfin que les masses, subordonnées et réparties avec art, conservent l'esprit du genre de l'ordre qui y est mis en œuvre. Tels sont les élémens nécessaires à composer la demeure d'un homme d'état.

S'il s'agit de la construction d'une maison de campagne du premier rang, l'architecte doit, avant tout, réunir les avantages différens que permet le site où elle est établie. Il doit, autant qu'il est en lui, rassembler, sous les yeux, les scènes les plus agréables, les plus variées et les plus étendues. Après le choix du lieu, il faut que le plan en soit tracé de telle sorte, que ses masses dans leurs élévations se dessinent et s'apperçoivent au loin. Il faut que l'artiste donne un grand module à l'ordre qu'il admet dans sa composition; que les colonnes n'aient d'espace entre elles que celui exigé pour le service; que les détails y soient employés avec beaucoup de sobriété; c'est de pareilles dispositions que naîtront de larges et piquans effets de lumière et d'ombre, capables de suspendre la course du voyageur attentif.

et curieux. Tel est le caractère des maisons de campagne à l'usage des grands propriétaires, des hommes les plus remarquables par leurs fonctions et leurs richesses. Il est facile de reconnoître que les bâtimens de cette espèce sont, de même que les précédens, du style tempéré.

S'il est des règles à observer dans la construction des édifices à l'usage des personnes distinguées et importantes, il en doit être aussi pour les vastes demeures destinées à l'habitation des chefs des empires. Or, les règles qui appartiennent à ces sortes de monumens, sont toutes dans le genre le plus élevé ou le style sublime.

Les palais en général exigent l'ordonnance la plus riche et la plus pompeuse; les trois ordres combinés ensemble, peuvent être admis dans la construction extérieure de ces édifices; mais ils ne doivent jamais être élevés les uns sur les autres. Il faut qu'ils soient employés avec le plus grand jugement et le goût le plus exercé. Il faut que chacun de ces ordres conserve ses rapports particuliers, mais gradués entre eux, de telle sorte qu'il en résulte des transitions heureuses et des effets qui annoncent le talent de l'artiste qui a dirigé ces superbes constructions. Il est vrai que pour oser entreprendre des édifices de cette espèce, il faudroit unir à un rare génie, une étude profonde, une expérience consommée, et être mu d'ailleurs par un heureux enthousiasme qui mît en état de saisir, de tracer et d'exécuter le grand et le sublime dont ils sont susceptibles.

Si le style doit être rigoureusement observé dans toutes les compositions en architecture, il est bien plus nécessaire encore de s'y conformer dans la construction des temples, parce que l'oubli en deviendroit beaucoup plus sensible, toute omission à cet égard blesseroit le grand caractère qui appartient à ces édifices, caractère qui doit répondre à la dignité de leur usage.

J'observerai avant tout, que les trois ordres peuvent être mis en œuvre indistinctement et avec succès dans ce genre d'édifices; l'objet seul auquel on le destine doit en déterminer le choix et de quelque nature que soit l'ordre qu'on y emploie, dorique, ionique ou corinthien, il faut l'exécuter avec toute la pureté et le grand dont il est capable. Il faut dans un temple qu'un seul et même ordre soit établi de niveau respectivement et à son extérieur et à son intérieur. Il faut que les colonnes du dehors soient d'un plus grand diamètre que celles du dedans, quand bien même elles seroient érigées sur un niveau général; et si l'on se détermine à employer un petit ordre combiné avec un grand ordre, il faut que l'un soit subordonné à l'autre d'un tiers de sa hauteur; mais ce genre de composition n'est praticable que dans les temples les plus spacieux; il faut que les espacemens des colonnes soient bien proportionnés; cette règle est l'une des plus essentielles. Les membres différens, ainsi que les moulures qui les composent, doivent être dans le juste rapport entre eux, que nous indiquent les beaux antiques. Les voûtes doivent toujours conserver la forme du pleinceintre ou en offrir l'apparence. Les compartimens doivent en être bien refouillés; et cette observation est d'autant plus importante, qu'elle contribue à la richesse de l'ordonnance, qui doit toujours s'élever progressivement du pied au sommet, et que, quand cette règle est bien observée, elle donne aux voûtes la légèreté qu'on a droit d'en exiger. Il n'est pas moins essentiel que les entablemens ne soient jamais interrompus par des ressauts dont les angles fatigueroient l'œil, et qui détruiroient la tranquillité et la sagesse si nécessaire à ces sortes de monumens. Il faut enfin que les jours qui éclairent l'intérieur d'un temple soient tirés généralement d'enhaut, et distribués avec économie. Tels sont les moyens qu'un artiste instruit met en usage, quand il s'agit d'élever un édifice qui annonce aux mortels le sanctuaire de la divinité (1).

De ces principes il est aisé de conclure que les pieds droits liés avec des arcades qui entrent dans la composition de la plupart de nos églises, tiennent à un style lourd et uniforme, qu'on ne sauroit trop éviter, et ce systême d'ordonnance nous feroit presque regretter l'architecture gothique, toute défectueuse qu'elle est.

Mais l'on pourra m'objecter que les deux plus célèbres, les plus magnifiques, et les plus justement vantés des temples qui ont été construits dans l'univers (je parle de Saint-Pierre de Rome et de Saint-Paul de Londres), ne sont cependant composés que de piliers, sur lesquels portent des arcades de l'espèce que je crois devoir réprouver. Pour ne parler d'abord que du premier de ces deux temples, je répondrai, que la superbe basilique de Rome présente dans les détails tant de différens avantages, qu'elle mérite, à juste titre, et méritera, dans tous les tems, d'être regardée comme une des merveilles du monde ; mais il n'est pas moins utile de distinguer leurs qualités louables, des défauts qui ont pu se glisser dans son ordonnance, ainsi que nous l'avons déja fait dans le chapitre précédent, et sous un point de vue particulier.

(1) L'on reconnoît chez les différens peuples à leur origine, les idées primitives de la convenance du sombre à observer dans l'intérieur des temples. C'étoit dans les bois qu'ils faisoient leurs exercices de religion, et l'obscurité qui régnoit dans ces lieux, imprimoit le recueillement et le respect.

Ne doit-on pas s'étonner qu'il se trouve des personnes qui vantent les temples de Saint-Sulpice et de Saint-Roch, parce qu'ils sont très-éclairés ?

J'offrirai à mes lecteurs dans cet édifice, pour exciter leur admiration, l'immensité de son plan, d'où résulte celle des masses (1) et la hauteur, l'étendue, la majesté de sa coupole. Si l'on ajoute à ces avantages réels, l'abondance, pour ainsi dire, du dessin dans toutes les parties de sa construction, la richesse des matières employées par les différens artistes qui ont contribué à la décoration de cette basilique, les ornemens de tout genre qui y sont adaptés, on conviendra qu'elle est digne de fixer les regards de tous ceux qui joignent à des lumières, le goût des arts.

Je dirai ensuite que ce monument en lui-même est une de ces productions hardies capable d'immortaliser le génie des deux artistes qui ont influé sur l'invention et sur l'exécution de cette métropole du monde chrétien. Le Bramante et Michel-Ange, qui sont les principaux architectes de cet édifice, ne sont-ils pas déja immortels par la noble audace qui leur a fait saisir l'ensemble d'une aussi vaste machine, et qui leur a inspiré le courage de l'entreprendre et de l'exécuter avec tant d'habileté. Je me permettrai seulement de dire que Michel-Ange, si recommandable par l'habileté de son ciseau, dont le pinceau même mérite de si justes éloges, avoit, en architecture, le goût le plus exquis ; mais qu'un peu plus d'expérience sur la pratique de la construction, et une plus profonde étude de l'art lui-même, l'eût décidé à donner un plus grand relief à toute son architecture, qui en étoit susceptible.

C'est pour avoir voulu imiter, dans des constructions très-

(1) Sa longueur est de 110 toises, savoir, 42 toises plus grande que n'est celle de Notre-Dame de Paris. La largeur de Saint-Pierre est de 77 toises, ou 49 toises plus large que n'est cette même cathédrale.

bornées, l'ordonnnance de Saint-Pierre de Rome, que plusieurs artistes ont manqué leur but ; ils n'ont pas senti qu'ayant à travailler en petit, ils ne pouvoient faire que des modèles en comparaison de ce vaste temple, et qu'ils n'avoient point droit de prétendre aux effets qui frappent les connoisseurs dans cet édifice. Le temple du Val-de-Grace, dans une grandeur moyenne, me paroît la plus excellente de ces imitations ; le plan de sa coupole, la distribution des pendentifs tiennent beaucoup des formes que l'on voit à celui de Saint-Pierre.

Le célèbre Wren, il est vrai, dans la construction de Saint-Paul de Londres, a su produire des effets imposans, sur-tout par la grandeur de son plan et celle de sa coupole, qui, à certains égards, occupe le premier rang, mais dont toutes les autres parties de l'ordonnance le cèdent de beaucoup à Saint-Pierre de Rome, comme nous l'avons remarqué précédemment.

Nous conclurons donc, en général, que dans tout édifice de cette nature, on doit éviter la profusion des ornemens qui, quelque précieux qu'ils soient, et pour la matière qu'on y emploie et pour l'exécution, doivent toujours être répartis avec sagesse et jugement, parce qu'ils ne sont que des accessoires qui doivent concourir à la majesté du monument, mais qui par eux-mêmes ne peuvent produire cet effet.

Ce que nous avons dit de l'intérieur des temples, doit s'appliquer également à leur extérieur; une architecture de peu de relief, c'est-à-dire, où l'on n'emploie pas les péristiles, où l'on se contente de pilastres appliqués sur les murs, au lieu de colonnes, sera toujours une architecture défectueuse. Les anciens ne négligeoient jamais ces deux ressources dans la construction de leurs temples, et il seroit à souhaiter qu'on se fît un principe de les imiter

imiter constamment sur ce point. Le reproche que nous avons osé faire à Michel-Ange, dans la construction de Saint-Pierre de Rome, trouve encore ici son application, s'il n'eût pas négligé cette règle principale, il auroit donné, à l'extérieur de cet édifice, un ton moins monotone, plus mâle et plus majestueux.

L'exposé que nous venons de faire des caractères qui constituent l'ordonnance des palais et des temples, fait assez connoître que les édifices de ces espèces sont du style sublime, et qu'il convenoit de les y ranger.

Maintenant nous allons traiter des ordres, de leur nature et de leurs proportions respectives.

CHAPITRE XX.

Observations sur les ordres en général.

Les loix propres et particulières à l'architecture, sont fondées sur la connoissance des différens ordres qui la composent; mais avant que d'entrer dans le détail de chacun de ces ordres en particulier, il convient de les considérer en général. En conséquence nous distinguerons les ordres, de ce qu'on appelle ordonnance en architecture. Le mot d'ordonnance peut convenir à tous monumens, et particulièrement à ceux dans lesquels un ou plusieurs des ordres sont employés; de sorte qu'on dira d'un édifice dans lequel l'ordre dorique ou le corinthien sont savamment traités, que cet édifice est d'une belle ordonnance; on le diroit même d'une simple colonne, pourvu qu'elle fût élevée sur un stylobate ou piédestal, ou sur un soubassement, et couronnée de son entablement; on diroit alors, de ce fragment d'architecture, qu'il est d'une belle ou d'une mauvaise ordonnance.

Mais un ordre est une colonne, ou une suite de colonnes ayant base, fût et chapiteau, considérées, abstraction faite de la manière plus ou moins élégante dont elles sont exécutées, et qui, selon les proportions qu'elles présentent, obtiennent le nom de l'ordre qui les constitue.

Peut être desireroit-on une définition plus développée de ce que l'on appelle ordre ou ordonnance en architecture ; beaucoup d'architectes en ont discouru dans les ouvrages qu'ils ont publiés, mais il n'en est pas resulté plus de clarté; Vitruve lui-même n'a pas éclairé davantage cette matière. Ce qu'il importe principalement, c'est de prendre, sur la figure de chacun des ordres, des idées claires, et de ces idées bien conçues naîtront nécessairement celles que l'on peut prendre sur l'ordonnance en architecture.

Pour nous rendre plus intelligible sur ce que nous avons à dire dans la suite, nous nous servirons d'une comparaison sensible. L'architecte emploie les lignes pour tracer ses plans, ainsi que l'auteur en littérature emploie les mots ; mais comme les mots ne sont que les agens élémentaires du style qui consiste dans l'arrangement des termes dont on se sert; de même les lignes ne rendent la pensée de l'architecte qu'autant qu'elles sont subordonnées aux règles que lui prescrit l'ordre qu'il s'est proposé d'exécuter. Ainsi, de la diversité dans la distribution des lignes, naissent les différens membres qui composent les ordres, comme de l'arrangement des mots, l'on compose les phrases dans le discours.

Nous n'entrerons dans aucun détail sur les choses qui tiennent aux premières notions de l'art, parce que nous supposons qu'elles ont été puisées, soit dans les livres qui traitent du dessin par rapport à l'architecture, soit dans les écoles destinées à apprendre et à se perfectionner dans ce genre de travail. Nous n'hésiterons donc point de commencer ce chapitre par l'exposition générale des ordres, parce que c'est sur eux qu'est fondé tout rapport en architecture.

Presque tous les auteurs qui ont écrit sur cet art, ont distingué cinq ordres différens. Il a paru plus simple à Chambray de les réduire à trois seulement; savoir, le Dorique, l'Ionique et le Corinthien, et nous nous conformons d'autant plus volontiers à sa méthode, que les deux autres ordres ne sont qu'une espèce de composition de l'un des trois ordres auxquels ils ont rapport. L'ordre toscan est un vrai dorique. D. le Roy en fait la remarque, et assure que l'ordre dorique qu'il a trouvé à dix lieues d'Athènes, et dont il a mis le dessin sous les yeux du public, a une seule et même origine avec l'ordre toscan décrit par Vitruve. Quand à l'ordre composite, ou autrement nommé italique, il est aisé de voir qu'il ne diffère du corinthien que par la distribution de son chapiteau; et ce qui rend le système de Chambray préférable à tous ceux qu'on a pu inventer sur cette matière, c'est qu'il répond bien mieux aux trois caractères qu'on peut attribuer aux trois sortes de style en architecture, qui, comme l'éloquence applique, suivant les occasions, le simple, le tempéré et le sublime.

Mais il importe beaucoup, pour se former une juste idée de ce que nous appelons ordre, de connoître tous les rapports qui existent dans les diverses sortes de colonnes qui les composent. Ces rapports se découvrent à l'aide du diamètre, qui, pour le Dorique, doit être compris huit fois dans la hauteur de la colonne, suivant les règles reçues actuellement en architecture; neuf fois pour l'Ionique, et dix pour le Corinthien. Quelques auteurs se servent du rayon; il est facile de suivre leurs méthodes, prenant seize rayons pour le Dorique, ainsi des autres. Il est pareillement nécessaire de savoir quelles sont les proportions à observer entre la hauteur totale de chacun des trois ordres ou colonnes, et celles de leurs entablemens, elle est communément du quatrième de la hauteur de l'ordre : la connoissance des espacemens desdites colonnes, de leurs plantations respectives, n'est pas moins indispensable : à toutes ces connoissances se doivent joindre celles des proportions particulières qu'on doit donner aux ouvertures, soit portes, croisées, arcades, niches et voûtes; celles des hauteurs qu'on doit donner aux soubassemens, stylobates et attiques; et ces règles sont relatives au genre de chacun des ordres.

Ayant établi une fois que les ordres consistent particulièrement dans les colonnes, nous dirons avec Perrault. « La proportion des colonnes prend ses différences de leur grossièreté, ou de leur délicatesse; et la figure des membres particuliers qui leur conviennent suivant leur proportion, prend ses différences de la simplicité ou de la richesse des ornemens de leurs chapiteaux, de leurs bases et de leurs modillons ou mutules » (1).

Le caractère de l'ordre dorique est mâle et large, il n'exclut point les ornemens, mais il n'en peut souffrir que de simples, et rejette tout luxe, toute prodigalité: ce n'est pas une beauté vive dont la parure peut encore relever l'éclat; mais une beauté noble et majestueuse, digne par elle-même de fixer les regards.

Il sembleroit que le plus facile à exécuter des trois ordres, seroit le dorique, parce qu'il n'exige, parce qu'il ne permet même que très-peu d'ornemens; mais c'est précisément en cela qu'il mérite davantage l'attention de l'artiste, parce qu'il n'est point en état de faire illusion aux yeux de la multitude, et que ceux qui ont le vrai goût de l'architecture, ainsi que ceux qui sont les plus versés dans cet art, exigent de trouver, dans l'ordre dorique, cette beauté imposante, qui lui conserve le nom d'ordre viril, par lequel il est souvent désigné. Il est d'ailleurs aisé de concevoir que rien n'est plus difficile à exécuter, dans la rigueur de ses proportions, qu'un ordre, qui n'emploie que des divisions larges, et qui n'appelle point à son secours les richesses étrangères

(1) Vitruve, de Perrault, livre IV, note 1, pag. 103.

qui pourroient en couvrir les défauts; aussi cet ordre a-t-il des loix sévères qui lui sont propres; et ces loix sont toutes relatives à la distribution des métopes et des triglyphes dans son entablement.

Les métopes doivent toujours être quarrées, et les triglyphes à-plomb et dans l'axe des colonnes. Nous conviendrons, cependant, qu'on trouve des exemples du contraire dans la manière des anciens, soit de la Grèce, soit de l'Italie. Ainsi, les temples de Thésée et de Minerve, à Athènes (1), les trois temples qui se voient au milieu des ruines de Pæstum (2), dérogent visiblement à cette loi des triglyphes à-plomb et dans l'axe des colonnes, mais seulement pour celles des angles, où les triglyphes, embrassant les retours de la frise, ne peuvent plus répondre qu'à la moitié de ces colonnes; une telle dérogation a paru vicieuse aux modernes, qui ne se la permettent que rarement.

Quant à la loi qui concerne les métopes, elle se trouve enfreinte au portail de Saint-Sulpice dans ses extrémités à-plomb des tours. Le couplement des colonnes qui les composent nécessite dans la frise une métope parallèlogramme, tandis qu'elle devroit être quarrée; Desbrosses, au Luxembourg, s'est aussi affranchi de cette loi de la métope quarrée, dans le couplement de ses pilastres doriques, et ces défauts se trouvent exactement à toutes les faces de ce palais. Ce procédé, quoiqu'autorisé par les grands maîtres qui se le sont permis, est toujours un défaut que leur autorité doit d'autant moins accréditer, qu'il est toujours contraire aux bonnes règles de présenter, aux yeux du spectateur, des colonnes couplées sur une ligne parallèle à l'horison.

(1) Ruines des plus beaux monumens de la Grèce, Pl. XVII et XX.

(2) Ruines de Pæstum, Pl. X, XVII et XXII.

Pour sentir les beautés dont est susceptible l'ordre dorique, jettons les yeux sur les monumens de la Grèce, considérons les temples de Thésée et de Minerve, ainsi que les Propylées, qui étoient les portes de la citadelle de l'ancienne Athènes (1).

Mais pourquoi irions-nous chercher si loin des modèles de ce genre, tandis que la capitale, dans laquelle nous habitons, nous offre cet ordre employé avec le plus grand succès au portail de Saint-Sulpice, dans la partie de son péristile. Ce modèle fera toujours plus d'impression que les plus beaux monumens doriques dont nous conservons les plans. C'est là qu'on voit un bel espacement de colonnes, dont l'effet est avantageusement soutenu par celles en second rang qui leur tiennent; l'on y reconnoît la plus juste proportion dans l'entablement, la plus harmonieuse division dans tous les membres qui le composent; c'est là que toutes les plattes-bandes, ainsi que les plafonds, sont, et heureusement distribués, et avantageusement remplis par les ornemens dont cet ordre est susceptible. Quelle saillie dans les bas-reliefs de figures qui régnent dans tout le pour-tour au-dessus de chaque arcade; qu'elle est bien prononcée et que ses proportions sont convenables au caractère de cet ordre. L'ordre dorique employé avec cet art, quelque simple qu'il soit de sa nature, fixe l'attention, captive les suffrages de tout homme sensible au beau et à la grande manière en architecture; on reconnoît dans ce genre celui qui a mérité le nom d'ordre viril.

L'ordre ionique que nous avons comparé au style tempéré dans l'éloquence, est plus divisé que le dorique. Il conserve néanmoins un caractère large qui, quoique simple par sa nature, a de la noblesse et n'est pas ennemi de toute richesse, pourvu qu'elle y

(1) Le Roy, Ruines des plus beaux monumens de la Grèce, t. I, part. prem.

soit dispensée avec goût, aussi voyons-nous que quand il admet des ornemens, il les marie en quelque sorte avec ses moulures, ou bien il les dispense sur les différentes parties qui le composent. Ainsi, nous voyons cet ordre au théâtre de Marcellus n'offrir d'ornemens qu'à l'échine de son chapiteau, tandis qu'au temple d'Erecthée à Athènes et à celui de la Fortune Virile à Rome, le chapiteau, l'architrave et la corniche, ont tous leurs membres taillés d'ornemens; la frise même dans ce dernier monument est de plus enrichie de festons qui se composent avec des génies.

Il est à remarquer que cet ordre, toujours le même dans son caractère essentiel, varie cependant dans la forme de son chapiteau. Cette différence se remarque particulièrement dans ses volutes; les Grecs ont, à cet égard, une autre manière que les Romains, et les deux temples d'Erecthée et de la Fortune, que nous venons de citer, nous indiquent ces différences.

Nous pourrions citer beaucoup d'autres exemples, si ceux dont nous venons de nous servir ne suffisoient pas pour l'application des règles que nous avons établies. Les temples dédiés à la Vertu (1) et à l'Honneur dont Vitruve fait mention; celui de Diane à Ephèse, sont bien propres à confirmer toutes ces règles. Mais le portique de Saint-Sulpice, dont nous avons déja fait l'éloge, seroit seul capable d'offrir aux amateurs et aux artistes la belle division dont cet ordre est susceptible. Sa base attique, son fût cannelé, son chapiteau enrichi d'un gorgerin formé par un astragale, sont d'une bonne composition. Son entablement est distribué à la manière de Scamozzi et de Palladio. Il est d'un effet heureux; la plupart des ornemens qui enrichissent plusieurs de ses membres, sont d'un assez bon choix : on reproche cependant à cet

(1) Vitruve, traduction de Perrault, liv. III, pag. 67 et 71.

ordre

ordre de la pesanteur dans son chapiteau. Nous indiquerons encore l'église de Saint-Philippe du Roule à Paris, construite dans son intérieur avec des péristiles ioniques. L'on y reconnoît les proportions de ce même ordre antique du temple de la Fortune Virile à Rome. Tel est l'ordre ionique, celui qui répond dans l'architecture au style tempéré de l'éloquence.

Ce genre ionique nous conduit naturellement au terme le plus élevé, à l'ordre corinthien, le plus élégant et le plus riche où puisse atteindre l'architecture dans ses proportions, sans craindre de faire subir, aux monumens qu'elle exécute, une altération qui les dégrade; aussi comparons-nous ce genre au style sublime de l'éloquence. L'ordre corinthien tel qu'on le voit dans les beaux antiques, offre toutes les richesses d'ordonnance et toutes les divisions qu'un goût sain peut approuver.

Quelques architectes modernes ont cru pouvoir ajouter à la somptuosité de cet ordre, en construisant un fût de colonne en spirale, en lui adaptant un chapiteau mixte de l'ionique et du corinthien, et en rassemblant sur son fût des canaux, des bandes, des ornemens multipliés; mais malgré leurs efforts, ils n'ont pu réussir à surpasser cet ordre en véritable richesse; c'est une espèce de luxe qui n'ajoute rien à sa beauté. On peut voir des exemples de ce que j'avance au baldaquin de Saint-Pierre à Rome, tel que Bernini l'a fait exécuter, et au sanctuaire du Val-de-Grace à Paris, et à celui des Invalides, tel que le Duc et Jules Hardouin l'ont employé.

Voulons-nous nous pénétrer des beaux effets que produit cet ordre aux yeux du spectateur; les exemples se présentent ici en foule. Les temples de Diane à Magnésie, et de Jupiter Olimpien à Athènes (1), ceux de Mars-le-Vengeur, de Jupiter-Tonnant, de Jupiter-Stator, et le Panthéon à Rome (2), les vestiges qui subsistent encore du temple de Néron, et des Thermes de Dioclétien (3), dans cette même ville; tous ces monumens sont bien propres à nous donner une idée du caractère qui convient à cet ordre.

Si les anciens ont employé ce style dans les monumens les plus somptueux qu'ils vouloient exposer aux yeux de la postérité; nos architectes modernes ont cru, avec justice, devoir user du même style dans les édifices les plus importans dont ils ont été chargés.

La colonnade de Perrault, la coupole des Invalides, celle du Val-de-Grace, le temple de Sainte-Geneviève, le Collège de Chirurgie dans son grand ordre, concourent tous à nous prouver de quel caractère de grandeur, de richesse et de magnificence cet ordre devient susceptible.

Les monumens anciens et modernes que nous venons de citer, prouvent que l'ordre corinthien est le plus propre à exprimer la pompe et l'éclat des grandes compositions en architecture, parce que c'est vraiment dans cet ordre, que l'artiste trouve les plus grandes ressources pour produire de magnifiques effets.

(1) Vitruve, liv. III, pag. 69 et 73.
(2) Palladio, liv. IV.
(3) Chambray, dans son Parallèle.

CHAPITRE XXI.

Des différentes proportions à donner à chaque ordre, selon le genre de l'édifiee auquel il est employé.

Jusqu'a présent nous avons fait connoître l'application que l'on peut faire aux différentes sortes d'édifices, des trois ordres universellement reçus dans l'architecture ; mais de cette connoissance générale, il est nécessaire de passer aux proportions qu'il convient de donner à chacun de ces ordres dans l'emploi que l'on en fait, et ces proportions vont nous être indiquées par les combinaisons variées que nous offrent en ce genre plusieurs monumens antiques, et par les règles particulières de proportion que nous ont données les plus savans architectes dans les systémes qu'ils se sont faits de chacun de ces ordres.

Il importe donc beaucoup à un artiste de se pénétrer de l'esprit qui inspiroit les anciens, et des motifs par lesquels se sont déterminés les architectes qui ont travaillé depuis le renouvellement des arts ; l'on sentira pourquoi aux règles anciennes dont ils ne se sont pas écartés sans des raisons essentielles, ils en ont ajouté de nouvelles, suivant la nature des bâtimens qu'ils ont eu à ériger. Ainsi, la meilleure manière, pour suivre une route certaine, c'est de rapprocher des édifices qui se présentent à construire les différens systêmes d'ordonnance qu'ont suivi les grands maîtres. Nous nous bornerons seulement à citer des exemples de quelques-unes des espèces de constructions auxquelles nous pouvons employer les proportions variées que rassemblent les monumens anciens.

Pour commencer par celui des édifices qui est le moins susceptible d'ornemens, nous proposerons l'ordre dorique grec, tel que nous l'offrent les ruines de Pæstum, dont la simplicité pourroit être adoptée par un artiste qui se propose de construire une prison : est-il chargé d'élever un tombeau, l'ordre dorique qu'on voit au temple de Thésée à Athènes, peut lui servir de modèle.

Doit-il ériger un temple à la divinité, si l'ordre dorique lui paroît convenable à l'édifice qu'il projette, il peut le profiler avec succès dans l'esprit de ce même ordre, trouvé à Albane. Est-il appelé à décorer l'extérieur de quelque maison de ville importante, il peut adopter avec assurance les proportions qui ont été observées dans l'ordre dorique du théâtre de Marcellus, si ce genre d'ordonnance est celui qu'il veut y employer. Les ordres ioniques observés au temple d'Erechtée à Athènes, à celui de la Fortune Virile à Rome, conviendroient également aux édifices sacrés, ainsi qu'aux divers monumens qui appellent une certaine richesse, et comme les temples sont susceptibles d'une très-grande variété, l'ordre corinthien, soit de la Rotonde, soit de Jupiter-Stator, soit du frontispice de Néron, peuvent y produire les plus grands effets.

Je ne sais si cette règle que je propose des différentes proportions à observer selon les différens genre d'édifices, sera goûtée de tous mes lecteurs; mais ce qui appuie mon opinion, c'est qu'elle me paroît conforme aux préceptes de Vitruve; cet architecte, en parlant des portiques qui se font joignant les théâtres, suivant l'usage des anciens, veut que dans cette sorte d'édifices l'ordre dorique ait une proportion autre que celle qu'il doit avoir dans les temples. « Dans un temple, dit-il, d'ordre dorique;.... le diamètre des colonnes doit être de deux modules; la hauteur, compris le chapiteau, de quatorze; la hauteur du chapiteau d'un module; la largeur, de deux modules et de la moitié d'un module» (1).

« Dans les portiques ces colonnes doivent être faites avec d'autres proportions que celles que nous avons données pour les temples; car celles-ci doivent avoir plus de gravité, et celles des portiques plus de délicatesse. C'est pourquoi, si l'on veut faire les colonnes d'ordre dorique, il faut partager toute leur hauteur, comprenant le chapiteau, en quinze parties, dont l'une fera le module de tout l'ordre : on donnera deux modules à l'épaisseur de la colonne, et cinq et demi à l'entre-colonnement, et quatorze à la colonne sans le chapiteau» (2).

Ce raisonnement peut s'appliquer aux trois ordres, dans l'usage qu'on en fait pour les trois genres d'édifices selon leur espèce; car il est évident qu'au siècle de Vitruve (et nous le verrons bientôt), l'ordre dorique dont il est particulièrement question ici, et qui est le plus ancien de tous les ordres, avoit déja atteint à sa plus haute proportion. Or, de cette variété dans les caractères, que ce premier des ordres prit successivement, de celle aussi que les deux autres ordres éprouvèrent eux-mêmes, les architectes en profitèrent pour en faire l'application aux différentes sortes de monumens qu'ils avoient à construire. Tel est le fondement de l'opinion que je viens d'établir sur les différentes proportions à donner à chaque ordre.

(1) Vitruve, liv. IV, p. 108.

(2) Vitruve, liv. V, p. 173.

L'ARCHITECTE ne doit point oublier que son art tient un des principaux rangs dans les arts libéraux. C'est donc avec bien de la justesse que nous avons comparé, au commencement de cet ouvrage, l'architecture à la poésie, à la musique, à la peinture, et à l'éloquence. Il faut pour cet art, comme pour les autres, de l'invention, du goût, de l'ordre et de l'harmonie. Un morceau d'architecture est aussi susceptible de ces qualités qu'un sujet de peinture ou une pièce de vers; et j'ose dire que l'on n'attend pas moins d'un architecte qui élève un monument au milieu d'une grande nation, que d'un peintre chargé de lui représenter un trait intéressant de l'histoire ou de la fable. Et pourquoi ne ferais-je pas, aux jeunes architectes, l'application des vers qu'un poëte moderne adresse aux jeunes peintres pour exciter leur émulation.

Vous qui brûlez d'offrir à mes yeux satisfaits,
De masses et de plans les plus nobles effets;
D'un penchant qui vous flatte examinez la source:
Ce n'est pas tout encor, il faut que l'entreprise
A des moyens prescrits, aux règles soit soumise:
.... et par des loix austères
La pratique de l'art soumet à ses mystères
L'architecte qui veut, *le crayon* à la main
Enfanter à nos yeux, ce qu'il sent de divin (1).

(1) Watelet, Art de peindre, chant I.

CHAPITRE XXII.

De l'ordre dorique.

Nous croyons devoir placer ici une réflexion bien juste de Watelet. « Nous n'avons point, dit-il, de détails écrits sur les mesures que les Grecs employoient à régler la proportion : leurs ouvrages didactiques sur les arts ne sont pas parvenus jusqu'à nous ; » mais nous connoissons leur architecture dans les monumens construits par eux, et qui existent encore de nos jours ; et ces exemples deviennent pour nous des principes.

Vitruve est le seul auteur de l'antiquité dont les écrits sur l'architecture nous ont été transmis ; c'est à lui que nous sommes redevables de l'échelle qu'ont employé les anciens pour regler la proportion de leurs édifices. Mais ce que raconte cet architecte sur l'origine de chaque ordre étant insuffisant pour conduire à une critique éclairée, puisqu'il appuie entièrement sur la fable, ce qu'il nous dit des différens ordres. Nous nous contenterons de faire, de son ouvrage, un extrait succinct de ce qu'il dit de la naissance de ces mêmes ordres, et nous passerons à l'examen de chacun d'eux, d'après les règles plus certaines que nous fournissent les ruines antiques. De cet examen résulteront des connoissances beaucoup plus utiles pour les exécuter avec succès.

Tout nous prouve la haute antiquité du premier des ordres

en architecture. Nous pouvons le regarder comme le principe générateur de toute proportion dans cet art; et il est aisé de s'en convaincre, si l'on considère attentivement que les deux autres ordres, l'ionique et le corinthien ont les mêmes membres principaux que le dorique. Tous trois ont un fût, un chapiteau, une architrave, une frise et une corniche; ils ne diffèrent entre eux que par le nombre plus ou moins grand des parties, la délicatesse et la magnificence respectives qui leur appartiennent; seulement le dorique, chez les anciens, n'offre jamais la base que les modernes accordent constamment aux trois ordres.

J'ai promis, avant que de fixer la naissance de chaque ordre, de présenter l'origine fabuleuse que leur donne Vitruve, et voici ce qu'on lit dans cet auteur au sujet du Dorique : « Dorus, fils d'Hellenès et de la nymphe Optique, roi d'Achaïe et de tout le Péloponèse, ayant autrefois fait bâtir un temple à Junon, dans l'ancienne ville d'Argos, ce temple fut de cette manière que nous appelons Dorique : ensuite dans toutes les autres villes de l'Achaïe on en fit de ce même ordre, n'y ayant encore aucune règle établie pour les proportions de l'architecture........ Mais comme ils ne savoient pas bien (les Grecs) quelle proportiou il falloit donner aux colonnes........ Ils cherchèrent le moyen de les faire assez fortes pour soutenir le faix des édifices, et de les rendre agréables à la vue. Pour cela ils prirent la mesure du pied d'un homme, qui est la sixième partie de sa hauteur, sur laquelle mesure ils formèrent leurs colonnes; ensorte qu'à proportion de cette mesure, qu'ils donnèrent à la grosseur de la tige de la colonne, ils la firent six fois aussi haute, en comprenant le chapiteau : et ainsi la colonne dorique fut premièrement mise dans les édifices, ayant la proportion, la force et la beauté du corps de l'homme » (1).

(1) Vitruve, de Perrault, liv. IV, ch. 1, pag. 100.

L'OPINION

L'opinion de Vitruve, sur l'origine de l'ordre dorique, ne me paroît pas plus exacte que les règles qu'il donne relativement à cet ordre, et sans attaquer directement la fable qu'il raconte, je m'attacherai particulièrement aux proportions qu'il prescrit, parce qu'elles ont un rapport essentiel à l'objet que je traite. Il suppose que dans l'origine on ne donnoit, aux colonnes de cet ordre, que six diamètres de hauteur; c'est-à-dire, six fois sa largeur, et il est aisé de voir, en considérant les colonnes de ce même ordre, qui subsistent encore au temple de Corinthe, qu'elles n'ont pas quatre diamètres de hauteur (1). Il est au moins surprenant que ce savant architecte, en dissertant sur les ordres, n'ait point distingué les diverses proportions au-dessous de douze modules, ou de six diamètres; et l'on en est d'autant plus étonné, en considérant qu'il vivoit au tems d'Auguste, et qu'alors il avoit sous les yeux beaucoup de temples et d'autres monumens de ce même ordre : on en trouvoit en Grèce, en Italie, et particulièrement dans la ville de Posidonie, où les temples qui y existent encore, d'une ordonnance dorique, ont leurs colonnes de huit modules et un tiers seulement (2).

Sans donc recourir à la fable pour fixer l'époque précise de la naissance de l'ordre dorique, il nous paroît bien plus conforme à la vraisemblance, d'avancer que, comme le principe de l'architecture, il remonte, ainsi que tous les autres arts, à la naissance des sociétés. Cette assertion sera démontrée vraie, si l'on observe la marche progressive de ce premier des ordres. On le verra se débarrasser successivement de l'extrême pesanteur à laquelle il étoit assujetti dans les premiers tems, et s'alléger, de siècles en

(1) Ruines des plus beaux monumens de la Grèce, tom. II, p. 44.

(2) Ruines de Pæstum, Pl. X.

siècles, dans sa proportion générale, comme dans les proportions particulières de chacun de ses membres.

Et cette réflexion nous paroît d'autant plus juste, que la marche, que la nature elle-même observe par rapport à l'accroissement de l'homme, est celle qu'ont tenue les architectes de l'antiquité dans la progression de l'ordre que nous traitons. Quelle différence, en effet, entre un enfant qui vient à peine de naître, un jeune homme qui a déja pris une partie de sa croissance, et ce même homme parvenu à un âge parfait. Il est vraiment l'image de cet édifice qui, dans son origine, est informe et grossier; mais qui, à mesure que l'art se perfectionne, acquiert des proportions qui le rendent en même tems, et plus léger à la vue, et plus utile relativement à sa destination; tant il est vrai, comme nous l'avons déja dit, que la nature est le modèle unique de toutes les productions du génie.

Nous n'ajouterons à cette réflexion que celle de Watelet qui la confirme « dans l'enfance de l'homme, la longueur de la tête, cinq fois répétée, forme toute sa hauteur. A quatre, cinq et six ans, sa hauteur est de six jusqu'à six têtes et demie, au lieu que dans l'âge fait, les proportions adoptées sont huit têtes pour la grandeur totale » (1).

Ayant établi cette comparaison qui nous paroît juste, nous croyons devoir en faire une application plus détaillée à l'ordre dorique. Plusieurs monumens antiques vont nous servir d'exemples. Nous voyons cet ordre à sa naissance présenter un diamètre considérable comparé avec sa hauteur, il en resulte une pesanteur inévitable, défaut que l'on a su éviter dans la suite, et qui

(1) Réflexions sur la peinture.

ne subsita plus, lorsque l'ordre fut parvenu à sa perfection, ce qui a porté D. le Roy dans ses recherches sur les édifices anciens de la Grèce, à reconnoître trois âges bien distingués dans cet ordre, et ces âges sont relatifs aux diamètres de la colonne et à leurs hauteurs. Ce savant architecte a observé cependant que les colonnes des édifices grecs ne lui ont point offert, dans leurs apparences, une pesanteur aussi forte que le rapport du diamètre à la hauteur paroîtroit l'exiger. Effet qui resulte, comme il s'en est assuré, de la grande diminution du fût de la colonne, et de la construction particulière de son chapiteau. Cette observation intéressante ne détruit point notre assertion sur la progression et la perfection de cet ordre à son troisième âge.

Le premier âge, ou l'enfance de l'ordre dorique, est celui où il est extrêmement raccourci; alors les colonnes sont sans cannelures, le chapiteau fort simple, n'a point d'astragale, il n'a pour échine, ou quart de rond, qu'un seul chanfrein portant le tailloir, qui lui-même n'est qu'une face lisse. La saillie du chapiteau n'excède point le nud de la colonne à son pied. Tel est l'ordre dorique dans un lieu appelé Thoricion, à dix lieues d'Athènes; et ce défaut est encore plus sensible au temple de Corinthe. Les colonnes du premier ont trois pieds un pouce de diamètre, leur hauteur est de quatorze pieds, ce qui ne donne que quatre diamètres et demi; le second offre six pieds de diamètre, vingt-trois de haut, ce qui ne donne pas même quatre diamètres (1). Ces deux exemples suffisent pour fixer les porportions de cet ordre à son premier âge.

Nous trouvons des exemples du second âge dans les propor-

(1) Ruines des plus beaux monumens de la Grèce, tom. I, pag. 35, et t. II, pag. 44.

tions observées aux monumens bâtis vers le tems de Périclès et sous son règne. Les colonnes sont plus élevées, les parties qui les composent plus multipliées ; par conséquent les diamètres moins considérables et les proportions plus heureuses ; et cette observation semble nous prouver que les premiers édifices de l'ordre dorique remontent à la plus haute antiquité ; car les temples de Thésée et de Minerve, dans la citadelle d'Athènes (1), furent construits quatre cent quatre-vingt ans avant J. C., vingt-cinq ans avant que Périclès commandât les armées de la république d'Athènes dont il étoit le chef. Or, si dès ce tems, que nous regardons comme le second âge de l'ordre dorique, les édifices étoient déja construits sur des proportions moins pesantes. Il est à croire que les artistes n'avoient atteint ce degré, que par la connoissance acquise des fautes de leurs prédécesseurs ; et ils préparent eux-mêmes la matière à des observations plus utiles encore.

Ainsi nous voyons que les colonnes du frontispice du temple de Thésée ont, sur un diamètre de trois pieds trois pouces trois lignes, une élévation de dix-sept pieds sept pouces ; il s'élève donc déja jusqu'à cinq diamètres et demi. Nous ne dirons rien des colonnes du temple de Minerve, et de celles du frontispice des Propylées ; elles présentent les mêmes proportions entre le diamètre et la hauteur, et fixent le second âge de l'ordre dorique.

Nous croyons devoir, en passant, inviter les artistes à considérer avec attention les Propylées dans le livre intéressant des monumens de la Grèce, ils y verront les rapports que les anciens observoient entre un grand et un petit ordre, quand ils

(1) Ruines des plus beaux monumens de la Grèce, tom. I, pag. 40 et suiv.

les combinoient ensemble ; on y remarque que l'ordonnance du petit ordre s'élève jusqu'aux huit-neuvièmes de la colonne du grand ordre, ce qu'il est aisé de vérifier. L'entablement du petit ordre aussi, dorique, est complet et présente lesmêmes membres, architrave, frise et corniche.

Le troisième âge de l'ordre dorique peut à-peu près se fixer au tems d'Auguste. Le temple de Minerve, que l'adulation consacra en même tems à cet empereur, est au moins le plus ancien monument que nous puissions citer, d'après le Roy, de ce troisième genre. « On remarque, dit-il, au portique de cet édifice, la source de tous les changemens que les Romains firent aux proportions de l'ordre dorique, qui étoit en usage en Grèce du tems de Périclès » (1).

La hauteur de l'ordre, dans ce monument, est de vingt-quatre pieds sept pouces quatre lignes; le diamètre, trois pieds huit pouces dix lignes, d'où résultent six diamètres et demi ou treize modules, deux parties et demie pour la proportion de cet ordre, et en cela on voit l'ordre dorique perfectionné. Mais en évitant les inconvéniens de ceux qui l'avoient précédé, l'artiste s'est fait à lui-même dans cet édifice des règles sur lesquelles l'expérience a fait encore de justes réformes. Le frontispice de ce temple est tétrastyle ou de trois entre-colonnes, celui du milieu est de dix pieds, et ceux des extrémités de quatre pieds sept pouces seulement; et cette distribution sera toujours moins heureuse que celle où les colonnes sont également espacées ; mais si cet ordre paroît perdre quelque chose par le défaut que nous venons de reprendre, il gagne sur d'autres objets. L'entablement a sept pieds quatre pouces de

(1) Ruines des plus beaux monumens de la Grèce, tom. II, part. II, pag. 45, Pl. XVIII.

hauteur, dont l'architrave a deux pieds huit pouces six lignes, et la frise deux pieds onze pouces; le surplomb de l'architrave sur la colonne est moindre qu'il n'est aux monumens plus anciens, les triglyphes, d'ailleurs, sont en saillie sur elle. Ces heureuses innovations tiennent au troisième âge, dont on reconnoît ici le caractère.

Nous pourrions encore établir différentes nuances, où, dans le même âge, l'ordre dorique a subi plus ou moins de changemens. Les fragmens de cet ordre, que nous connoissons par les ruines de l'Italie, nous en fournissent des preuves. On y voit le terme où le dorique est porté à son dernier degré de perfection, aussi appelerons-nous ce dernier état celui de sa maturité.

L'ORDRE dorique trouvé à Albane peut être proposé comme l'exemple le plus frappant à cet égard (1). La hauteur de la colonne est de sept diamètres et demi, ou de quinze modules; le chapiteau de cet ordre a un gorgerin, et son tailloir est couronné d'une cimaise. L'architrave a un module et une partie; la frise, un module et demi; la corniche, un module six parties: et nous n'hésiterions pas à regarder ce monument comme un chef-d'œuvre, si l'architrave avoit plus de hauteur, les autres parties conservant leurs différens rapports.

Nous avons cité cet exemple, préférablement à celui que nous pourrions tirer du théâtre de Marcellus et des Thermes de Dioclétien (2), dont la composition nous paroît bien inférieure. Le dernier, sur-tout, a son chapiteau mollement profilé, sa corniche trop forte est composée de trop de membres, proportion qui défigure le caractère essentiel de l'ordre dorique. Si nous ne craignions de multiplier les citations, nous inviterions les artistes

(1) Parallèle de Chambray, pag. 19. (2) Idem, pag. 15 et 17.

à faire attention au petit mausolée qui se voit aux environs de Terracine (1), les colonnes n'ont, à la vérité, que sept diamètres ; mais cet édifice est d'une belle et large division dans ses membres. S'il n'a pas de mutules, il n'a pas non plus de denticules, et ce dernier membre ne devroit jamais se rencontrer dans le dorique ; quoique cet ordre, dans le second et le troisième exemple que nous avons cité, en présente dans leurs corniches.

Je crois devoir placer ici ma remarque sur la diversité qui existe entre la manière de profiler le fût des colonnes. Je dirai que, dans les monumens antiques, elles diminuent de la base au chapiteau. Nous les profilons différemment, selon le systême de Palladio, en les traçant à-plomb de la base au tiers, et les diminuant de ce point jusqu'à l'astragale du chapiteau. Je sais que plusieurs architectes de nos jours ont construit les colonnes en observant à tous les ordres une augmentation de grosseur depuis la base jusqu'au tiers de leur hauteur, où se trouve le vrai diamètre ; et de ce tiers, la diminution a lieu jusqu'à l'astragale du chapiteau, de-là résulte un renflement d'un mauvais effet, et qui produit à l'œil une illusion désagréable, parce que la colonne paroît fléchir sous le poids.

Nous ne devons pas terminer les règles générales qui se rapportent à l'ordre dorique, sans faire connoître les différens rapports que présentent les ordres grecs et romains entre la hauteur particulière de leurs colonnes et celle de leurs entablemens. Si les ruines du premier âge de cet ordre nous mettoient en état de juger parfaitement quelle a été la manière des anciens architectes eu égard aux entablemens de leurs édifices, nous pourrions peut-être désigner aussi facilement les trois âges à l'égard des enta-

(1) Parallèle de Chambray, ch. 12, p. 32.

blemens, que nous l'avons fait à l'égard des colonnes. Ce que nous pouvons dire en général, et d'après les observations faites sur les monumens connus, c'est que ces derniers membres ont été ordinairement plus forts et plus lourds dans les tems où les colonnes étoient moins déliées. Mais s'il ne nous est pas possible de spécifier quelle a été la méthode des premiers architectes dans la construction des entablemens du premier âge, nous croyons du moins pouvoir la conjecturer par la manière des deux âges suivans, où la méthode nous paroît aussi différente qu'elle l'est par rapport à la proportion des colonnes. Peut-être quelques artistes, sur-tout parmi les étrangers, pourroient-ils, en nous faisant part du fruit de leurs recherches, confirmer notre opinion. Nous nous bornerons donc à donner des exemples du second et du troisième âge, et à rapprocher les proportions observées à l'une et l'autre de ces deux époques, entre la hauteur de la colonne et celle de l'entablement.

Au temple de Thésée à Athènes, l'un des plus anciens monumens dont l'entablement soit conservé, la grandeur de l'ordre est de dix-sept pieds quatre pouces quatre lignes, le diamètre, comme on le sait, étant de trois pieds trois pouces; son entablement a de hauteur six pieds un pouce quatre lignes, ou plus du tiers de celle de la colonne. L'ordre du temple de Minerve, dans la même ville, a de hauteur trente-un pieds sept pouces six lignes; le diamètre ayant cinq pieds huit pouces deux lignes, et son entablement douze pieds. Il est aisé de concevoir que le premier, déja très-lourd, est surpassé en pesanteur par le dernier.

Il paroît que les artistes eux-mêmes du second âge ont été frappés de ce défaut, puisque dans l'édifice des Propylées, construit dans le même siècle, mais environ cinquante ans plus tard, l'ordre est de vingt-sept pieds un pouce six lignes, et l'entablement

ment de huit pieds cinq pouces six lignes, ce qui donne moins que le tiers de la hauteur de la colonne, et la pesanteur, que l'artiste avoit évitée dans le portique, il en a fait de même dans le petit ordre qui forme péristile à ses côtés, lequel a dix-huit pieds de hauteur, et l'entablement cinq pieds neuf pouces.

A mesure que cet ordre se perfectionne on voit cette partie s'alléger sensiblement; le temple de Minerve et d'Auguste, que nous avons cité, fixe l'époque du passage de l'ordre dorique à son troisième âge. Les colonnes de ce temple ont vingt-quatre pieds sept pouces quatre lignes de hauteur, et l'entablement sept pieds quatre pouces quatre lignes ou moins que le tiers de la colonne.

Mais comme c'est aux Romains qu'on doit plus particulièrement les changemens faits dans cette partie de l'architecture; nous allons opposer les édifices qu'ils ont construits à ceux que les Grecs avoient érigés dans le second âge. Ils appartiennent tous au troisième âge de l'ordre dorique.

Les colonnes du théâtre de Marcellus ont de hauteur près de seize modules ou huit diamètres, leur entablement près de quatre modules; ce qui établit sa hauteur près du quart de celle de la colonne, et cette mesure du quart de la colonne est encore plus précise aux Thermes de Dioclétien. Cette même règle est observée avec autant de fidélité dans la colonne du fragment trouvé à Albane, elle n'a de hauteur que quinze modules et l'entablement trois et deux tiers, ce qui revient au quart.

Il est inutile de citer un plus grand nombre d'exemples pour confirmer une vérité déja reconnue, les colonnes des divers monumens exécutés à Rome sous les premiers empereurs, de même que celles du Colisée, amphithéâtre bâti par Titus, ne s'écartent guères de la proportion de ces trois derniers.

Nous concluerons donc que la proportion de seize modules pour la colonne dorique est la plus haute élévation qu'on puisse lui donner; et que son entablement doit avoir le quart de sa hauteur. Au-dessous de cette proportion, l'ordre a un peu de pesanteur; mais au-dessus il ne peut que s'altérer et perdre de son caractère.

Nous ne parlons, au reste, que d'après les architectes les plus célèbres depuis le renouvellement des arts : ils ont tous réglé leur systême d'ordonnance sur la proportion des ordres romains. Il suffit, pour s'en convaincre, de jetter un coup-d'œil sur le parallèle que nous en a tracé Chambray; et la marche qu'ils ont suivie étoit d'autant plus sûre, qu'elle a été déterminée par les exemples que leur offroit l'Italie, où le génie des arts a produit des chefs-d'œuvre en tous genres.

C'est là que nous bornons les notions que nous nous sommes proposés de donner sur le premier des trois ordres. Elles nous paroissent suffire, étant les plus importantes et les plus propres à faire connoître aux artistes, les véritables proportions qui lui conviennent.

Nous allons passer à l'ionique, qui est le second des ordres, et l'on s'appercevra aisément que ce genre d'architecture n'a pas subi les mêmes variations dans ses principales divisions, parce que l'art avoit fait des progrès dans les proportions du premier des ordres, et qu'elles ont servi de principe aux architectes pour la construction des deux derniers.

Nous ne croyons pas nécessaire de parler de l'ordre toscan, qui ne nous paroît pas faire une classe à part dans l'architecture ; nous nous contenterons de citer D. le Roy sur la manière d'envisager l'ordre dorique. « L'ordre dorique, dit-il, souffrit un changement bien différent, étant transporté par des colonies, dans la grande Grèce et dans la Toscane ; car les Toscans l'appauvrirent, au lieu que les Ioniens l'avoient enrichi ; ils n'eurent pas assez de génie pour en faire un ordre nouveau ; il a toujours été confondu avec le dorique ; et s'il en diffère un peu, c'est parce que les Toscans, à quelques changemens près qu'ils firent à la proportion de leur ordre, l'exécutèrent toujours de même, et que le dorique, perfectionné par les Grecs, enrichi par les Romains, et par là s'éloignant beaucoup de la forme qu'il avoit dans son origine, parut en Italie sur la fin de la république romaine, et sous les empereurs, un ordre différent du toscan » (1).

(1) Ruines des plus beaux monumens de la Grèce, essai sur l'histoire de l'architecture, p. xv.

CHAPITRE XXIII.

De l'ordre ionique.

Nous nous sommes faits une loi de ne jamais donner nos conjectures pour des vérités ; et jusqu'à présent, toutes les fois que nous avons établi un principe, nous avons fait ensorte de l'appuyer non-seulement de l'expérience, mais du témoignage de ceux qui ont mérité l'estime publique par les productions de leur génie. Nous suivons la même règle en établissant l'origine de l'ordre ionique, et nous ne pouvons rien dire de plus raisonnable que ce qu'en dit Freart de Chambray, que nous avons déja si souvent et si justement cité. « Les premières productions des arts ont toujours été fort rares, parce qu'il est difficile d'inventer ; mais il n'en va pas de même de l'imitation. Depuis qu'on eut vu des bâtimens réguliers, et les fameux temples à la dorique, dont Vitruve et quelques autres ont fait mention, l'architecture ne demeura pas long-tems en enfance : la concurrence et l'émulation des peuples voisins la fit bientôt croître et arriver à sa perfection. Les Ioniens furent les premiers compétiteurs des Doriens en ce divin art, qui sembloit être venu des dieux mêmes, pour donner aux hommes plus de moyens de les honorer : et comme ceux-ci n'avoient pas eu l'avantage, ni la gloire de son invention, ils tâchèrent d'enchérir dessus les auteurs » (1). Nous ajouterons à

(1) Parallèle, ch. 13, p. 34.

cette judicieuse réflexion de Chambray, la preuve de son opinion. L'histoire nous apprend que Hermogènes d'Alabanda, ayant beaucoup de marbres destinés à bâtir un temple à Bacchus, et n'ayant alors d'autres modèles que l'ordre dorique; inspiré par son génie, il trouva le moyen, sans s'écarter sensiblement des règles de cet ordre, de l'exécuter sur de nouveaux dessins, et comme il étoit habitant de la Carie, dont les Ioniens s'étoient rendus possesseurs, cette manière de bâtir fit donner à ce genre d'architecture, le nom d'Ionique. Nous ne voyons pas qu'on puisse assigner d'autres époques de l'invention de ce second ordre; les éloges que Vitruve accorde au talent d'Hermogènes nous autorisent à le penser. « Ses ouvrages, dit-il, méritent d'être considérés comme la source où la postérité a puisé les meilleurs préceptes sur l'architecture. »

Mais ne pourrai-je pas ajouter une conjecture qui ne me paroît point invraisemblable? Nous avons assigné avec fondement à l'ordre dorique trois âges différens, et il nous a été facile de prouver que les Romains avoient en partie contribué à la perfection de cet ordre. Mais quand nous considérons les premières proportions qui ont été employées à l'ordre ionique, ne sommes-nous pas portés à croire que, tandis que le dorique, en conservant sa manière et son genre faisoit des progrès sensibles, l'ordre ionique, qui contribua à perfectionner l'art en général, concourut à perfectionner l'ordre dorique en particulier?

La première proportion qui fut assignée à cet ordre fut de huit diamètres; proportion d'autant plus remarquable que, lors de son origine, l'ordre dorique en avoit à peine quatre, ce qui laissoit à chacun de ces deux ordres un caractère bien distinct; c'est le sentiment de Vitruve, et les antiques de la Grèce s'accordent avec lui; mais ce qui servit encore à distinguer l'ionique du dorique, fut la nouvelle forme que prit son chapiteau et la base qui fut ajoutée à cet ordre, ainsi que les changemens faits dans son entablement, où la frise devint lisse et où les denticules succédèrent aux mutules de la corniche.

Ce second ordre, émule en quelque sorte du premier, fit de semblables progrès. L'expérience ayant appris à élever l'ordre dorique dans ses proportions, l'ordre ionique prit aussi un nouvel accroissement. Le génie perfectionna l'un et l'autre ; les moyens se multiplièrent par l'observation ; de là naquirent les variétés dans les rapports des différens ordres ; et ces rapports, saisis et employés avec habileté, devinrent la source d'un nombre presque infini d'agréables effets.

Mais, s'il ne nous reste point de doute sur l'origine de cet ordre, il n'en est pas moins essentiel que nous en fixions, avec la même précision, les proportions et les règles ; et c'est toujours aux exemples que nous avons recours, quand il s'agit de donner des leçons dans un art aussi difficile. Nous trouvons également les règles de proportion de l'ordre ionique dans les monumens des anciens. Nous y voyons que cet ordre contient depuis huit jusqu'à neuf diamètres dans sa hauteur, en y comprenant base, fût et chapiteau. L'entablement qui le couronne est au moins le quart de cette hauteur. Les proportions de la colonne et de l'entablement chez les Grecs et chez les Romains éprouvent peu de variations. Citons maintenant un exemple pris de l'une et de l'autre nation. Le temple de Minerve-Poliade à Athènes (1), offrira la manière des Grecs, celui de la Fortune Virile à Rome (2), nous montrera la manière des architectes de l'Italie. Le premier de ces

(1) Ruines des plus beaux monumens de la Grèce, p. 49 et 51.

(2) Parallèle de Chambray, p. 37 et 59. Palladio, liv. IV, pag. 48.

monumens a ses colonnes de près de huit diamètres de hauteur, l'entablement en a pres de deux; le second est fixé à neuf diamètres, son entablement a moins de deux diamètres de hauteur. Les entablemens de l'un et l'autre édifice ont assez de conformité dans leurs rapports avec les colonnes; mais on trouve des variétés bien frappantes dans la division principale des trois membres de l'entablement, c'est-à-dire, l'architrave, la frise et la corniche. Il est reconnu par une longue expérience pour ce second ordre, que l'entablement n'a de grâce qu'autant que l'architrave est égale à la frise, ou que ses deux membres diffèrent peu entre eux en hauteur, et que la corniche commande à l'une et à l'autre. Dans le temple d'Athènes l'architrave est de près d'un diamètre, la frise de même hauteur, et la corniche d'un tiers de diamètre seulement. Le temple de Rome, où l'architrave est d'un demi-diamètre et un cinquième, la frise un peu moins forte, tandis que la corniche est les trois-quarts du diamètre. De telles proportions l'emportent de beaucoup sur celles du temple précédent. Les architectes, chez les Romains, ont enrichi d'un plus grand nombre de moulures leurs entablemens; ce qui donne à cet ordre un avantage réel. Il résulte de ces exemples, comme il est facile de le reconnoître, qu'il existe une différence bien marquée dans la composition de l'entablement de cet ordre, soit aux monumens de la Grèce construits avant le siècle d'Auguste, soit à ceux élevés à Rome au règne de cet empereur et dans les règnes suivans. Ces innovations, faites dans l'ordonnance ionique, ont réellement porté cet ordre à la plus haute perfection. Nous pourrions ajouter à cette citation les Thermes de Dioclétien (1), et beaucoup d'autres antiques également estimés, si la vérité que nous avançons ne trouvoit pas ses preuves dans les deux seuls exemples que nous avons cités.

(1) Parallèle de Chambray, p. 41.

Cette manière, qui nous a été indiquée dans les édifices construits par les Romains, a été suivie jusqu'à nos jours par tous les artistes éclairés. L'ordre ionique a été fixé à neuf diamètres de hauteur; on a donné le quart de cette hauteur à son entablement, et s'il se trouve des nuances variées dans la division des parties qui en composent les trois principaux membres, ils tiennent cependant toujours de la proportion que nous offre l'ordonnance ionique dans les antiques de l'Italie.

Cet ordre, devenant plus susceptible d'ornemens que le dorique, il donne lieu à une observation qui a pour objet les cannelures dont très-souvent on l'enrichit, et dont la manière et les proportions s'écartent beaucoup de celles qu'on observe dans l'ordre dorique; les cannelures de celui-ci consistent en un segment de cercle sans division entre elles; celles de l'ordre ionique sont décrites par un demi-cercle ayant une partie lisse intermédiaire qui les sépare les unes des autres.

Je pense avoir convaincu mes lecteurs que l'ordre appelé ionique n'est qu'une seconde combinaison du premier ordre. La colonne qui étoit déja employée dans l'ordre dorique acquiert dans celui-ci de nouvelles proportions et de nouveaux rapports qui lui ont attribué un caractère particulier. Il est inutile de répéter qu'Hermogènes, qui, le premier chez les Grecs, a donné des préceptes sur l'architecture, les a tous puisés dans les monumens qui lui étoient antérieurs, dont il a rectifié les défauts dans ses nouvelles compositions; il est donc vraiment l'auteur du nouveau systême d'ordonnance qu'on appelle ionique, et dont il a donné de si utiles leçons en construisant son temple à Bacchus. Il résulte de tout ce chapitre qu'il n'y a réellement qu'un ordre primitif qui est le dorique, ce qui n'exclut pas cependant la dénomination d'ordre particulier qui a été accordée à l'ionique, parce que ses proportions

proportions et ses divions sont réellement distinctes de celles du premier.

Le corinthien, celui des ordres qui tient le troisième rang, va devenir l'objet du chapitre suivant.

CHAPITRE XXIV.

De l'ordre corinthien.

Nous avons déja remarqué que tous les ordres tirent leur origine de l'ordre dorique, que l'ionique n'est lui-même qu'une composition plus variée et plus riche de ce premier ordre, nous n'aurons pas de peine à prouver la même assertion à l'égard de l'ordre corinthien dont il s'agit dans ce chapitre. C'est à Corinthe, cette ville célèbre, l'une des plus riches et des plus florissantes de la Grèce que l'architecture a été portée à la plus haute élévation. Callimaque, sculpteur, peintre et architecte, né dans cette ville au sixième siècle avant l'ère vulgaire, se conformant d'ailleurs pour les proportions aux règles reçues de son tems, inventa une forme de chapiteau plus riche; et c'est cette forme, imitée dans les âges suivans, qui a fait donner à cet ordre le nom de corinthien.

« Les colonnes corinthiennes, dit Vitruve, ont toutes leurs proportions pareilles à celles des ioniques, à la reserve du chapiteau, dont la hauteur fait qu'elles sont à proportion plus hautes et plus grêles; car la hauteur du chapiteau ionique n'est que la troisième partie du diamètre de la colonne, au lieu que le chapiteau corinthien est aussi haut que tout le diamètre, et ces deux parties du diamètre, qui accroissent le chapiteau corinthien, donnent à la colonne une hauteur qui la fait paroître plus déliée » (1).

« Les Grecs, observe D. le Roy, qui n'étoient frappés que de grandes choses, et qui n'admettoient pas pour un ordre nouveau, celui où l'on enrichissoit un peu le chapiteau ou l'entablement, ne regardèrent pas l'ordre corinthien comme entièrement indépendant des deux autres, et le distinguèrent peu de l'ionique, auquel il ressembloit en beaucoup de parties; ils lui trouvèrent cependant un caractère particulier, et le consacrèrent aux édifices qu'ils vouloient faire de la plus grande magnificence » (2).

Callimaque n'avoit essayé de répandre de la richesse que dans le chapiteau; ses succès à cet égard conduisirent à augmenter celle de l'entablement, et successivement ce nouvel ordre a acquis un grand nombre de parties dans son architrave et dans sa corniche, chacun de ses membres exigea différentes sortes d'ornemens, et tous en furent enrichis jusqu'à la frise, à laquelle on adapta des reliefs et des figures,

Nous avons dit que le chapiteau étoit la partie essentielle qui distinguoit l'ordre corinthien des deux ordres qui lui servent de modèles, il est donc nécessaire d'insister en parlant de cet ordre sur la manière qui lui est propre dans la construction du chapiteau. Le chapiteau peut être divisé en trois parties; sa naissance, ses volutes et son tailloir. La totalité du chapiteau doit avoir de hauteur un diamètre et un sixième, quoiqu'il existe des exemples où il n'a qu'un seul diamètre, et cet exemple est rarement celui que l'on doit suivre, tout conforme qu'il soit au système de

(1) Vitruve, liv. IV, pag. 99.

(2) Essai sur l'histoire de l'architecture, pag. xv. Ruines des plus beaux monumens de la Grèce.

Vitruve. Les artistes s'accordent à placer deux rangs de chacun huit feuilles, soit d'acanthe, soit d'olivier à la naissance du chapiteau; ces rangs de feuilles doivent occuper les deux tiers de son élévation, mais le second rang, doit avoir sur le premier, le double de hauteur. A la suite de ces feuilles viennent diverses volutes, les unes, ce sont les plus grandes, portent les angles du tailloir, les autres, dites caulicoles, un peu plus basses et plus petites, occupent le centre : ensuite le tailloir, qui ne doit avoir de hauteur, que le sixième du diamètre, et sur lequel s'applique un fleuron qui couronne les caulicoles, termine toute la composition de cette partie de l'ordre corinthien.

Après avoir parlé du chapiteau de la colonne, il convient d'établir les proportions de l'entablement qui la couronne. La proportion dans l'ordre corinthien est le quart de la hauteur de la colonne; mais il est à remarquer que le corinthien est celui de tous les ordres qui emploie à son entablement la plus grande élévation, et cette élévation est relative à celle de la colonne, qui dans cet ordre est toujours plus élevé que dans les deux premiers. Il suit nécessairement de cette observation, que l'architrave, la frise et la corniche, prises séparément, sont plus grandes dans leurs proportions, que ne le sont les mêmes parties dans l'ordre dorique et ionique. L'architrave, ainsi que la frise, dans l'ordre dont nous traitons, sont égales en grandeur, c'est-à-dire, chacune les trois-quarts du diamètre, et l'on donne à la corniche un diamètre entier de hauteur. Un tel accroissement a permis d'ajouter, avec des modifications dans l'entablement corinthien, plusieurs des parties employées dans les deux premiers ordres.

Nous insisterons peu sur les cannelures du fût de la colonne, elles sont ici les mêmes que celles de l'ionique; on y ajoute quelquefois des canaux qui en remplissent les vuides, et ne laissent dessiner que les bandes lisses intermédiaires ; ainsi sont cannelées les colonnes du Basard à Athènes ; celles du péristile extérieur du temple de Sainte-Geneviève à Paris, ont leurs cannelures de cette sorte. Nous ne parlerons pas de la base, qui est souvent semblable à celle de la colonne ionique, dite attique, ou n'en diffère que par l'addition de quelques parties qui n'exigent point de description.

C'est aux plus beaux antiques de l'Italie que nous devons les meilleures proportions de l'ordre corinthien (1), comme celles des deux premiers ordres, nous en avons déja fait la remarque et nous ne croyons pas superflu de le répéter. Le portique de la Rotonde à Rome, celui du frontispice de Néron et le temple de Jupiter-Stator, sont chacun dans leur genre des chefs-d'œuvre propres à fixer invariablement les proportions de ce troisième ordre, et si l'on veut apprécier le degré de perfection auquel il a été élevé dans l'Italie, il suffit de jetter un coup-d'œil sur les modèles que nous offre encore l'ancienne Grèce, et de les comparer à ceux que Rome rassemble. Ainsi, considérant l'édifice consacré à Lisicrates à Athènes, et communément appelé la lanterne de Démosthène (2) ; on y verra combien l'ordre corinthien étoit encore éloigné de la perfection qu'il a acquise dans l'Italie, et combien peu les Grecs avoient étudié alors le genre de proportion qui lui est propre. On y voit, par exemple, des colonnes dont le chapiteau est composé d'un premier rang de feuilles d'eau au nombre de douze, le second rang de feuilles d'acanthe au nombre de huit seulement ; on y voit bien les volutes dont le tailloir doit être soutenu à ses angles, mais

(1) Parallèle de Chambray, pag. 65, 67 et 69. — Antiquités de la France, Pl. VI, par Clérisseau.

(2) Ruines des plus beaux monumens de la Grèce, p. 55.

il ne se trouve point de caulicoles au milieu du chapiteau; et contre les exemples des beaux antiques, la corniche de l'édifice de Lisicrates, dont il est question, au lieu d'être le membre le plus fort, n'est qu'égale à l'architrave, et la frise en est la partie la plus foible. Aussi le modillon, le plus bel appanage de l'entablement corinthien, n'est-il pas employé dans cette même corniche?

L'on voit en général que les différens principes établis sur chacun des trois ordres, démontrent que s'ils sont essentiellement les mêmes dans leur construction principale, il existe néanmoins entre eux des nuances réelles qui les distinguent; mais avec cette différence que, malgré les variations que chacun d'eux a éprouvé dans ses proportions particulières, il n'en est point qui en offrent d'aussi marquées que l'ordre dorique, et il est facile de reconnoître que les changemens qu'il a subis ne tiennent nullement à la diversité des opinions dans les architectes qui l'ont exécuté, mais à celle des tems et des monumens où il a été mis en œuvre; de sorte qu'en remontant à la plus haute antiquité, on le voit prendre successivement le caractère et les divisions que les progrès de l'art lui ont assignés.

Nous nous permettrons ici une remarque en passant, qui est le fruit des comparaisons que nous avons faites entre les monumens anciens et ceux que les plus célèbres artistes modernes offrent à nos regards; c'est que chacun des ordres date du siècle d'Auguste pour leur perfection respective, de sorte que nous les voyons peu varier depuis ce siècle jusqu'à nos jours.

L'artiste ou l'amateur qui voudra donc se faire des règles sûres, soit dans le jugement qu'il porte, soit dans la construction qu'il entreprend, ne doit jamais perdre de vue la manière des Romains et celle qu'ont toujours observée les Grecs. S'écarter de ces deux termes, c'est s'exposer à tomber dans le ridicule, et c'est parce qu'il s'est trouvé des architectes dans des siècles peu éclairés qui ont perdu de vue ces beaux modèles qu'on trouve des édifices dont les colonnes ont jusqu'à quinze, vingt et trente diamètres de hauteur; des proportions si extravagantes produisent nécessairement à l'œil une maigreur insoutenable qui ne rend aucun effet, et qui nécessite à les groupper en faisceau pour leur donner une solidité suffisante.

Nous avons dit sans doute tout ce qu'il faut pour prouver que les proportions en architecture ne sont nullement arbitraires, qu'elles sont fixées par les loix de la nature. C'est la maxime qu'ont observé dans tous les tems les divers architectes qui ont écrit sur cet art ou qui ont mis en pratique ces différentes règles. Cette maxime est si généralement reçue, que Palladio, Scamozzi et Vignole dont les écrits sont appuyés sur cette règle générale, réunissent les suffrages des gens éclairés; tandis que Léon-Baptiste Alberti, Cataneo et tant d'autres qui s'en écartent, sont peu estimés et même dangereux dans l'application des exemples que nous présente leur composition (1).

(1) Parallèle de Chambray, p. 27, 29, 47 et 49. — De l'art de bien bâtir de Léon-Baptiste Alberti, p. 133 et 139. Paris, 1553.

CHAPITRE XXV.

Des profils.

Nous avons vu jusqu'à présent ce qui constitue chaque ordre en particulier ; mais ayant annoncé que ces ordres sont composés de différens membres dont nous n'avons fait qu'indiquer jusqu'alors les principaux d'entre eux, il convient maintenant de faire connoître tous ceux qui appartiennent aux diverses sortes d'ordonnances.

Tous les membres propres à l'architecture portent indistinctement la dénomination commune de profils. Il n'est pas possible de former un bel ensemble, si ces membres n'offrent point des rapports harmonieux entre les parties qui les composent.

Nous entendons par profils une masse de moulures dont la proportion est toujours déterminée par le membre auquel elles sont adaptées ; mais ces moulures n'ont de grâce qu'autant qu'elles sont relatives en même tems à l'expression de l'ordonnance.

Pour offrir plus de netteté à celui qui veut s'appliquer à cette partie de l'architecture, nous partagerons les profils en trois classes. Nous mettrons dans la première les bases, les chapiteaux, les architraves, les corniches, les frontons triangulaires et circulaires,

circulaires et les balustres. Dans la seconde, les chambranles, les contre-chambranles, les impostes et les archivoltes. Dans la troisième nous placerons les plinthes, les consoles, les triglyphes, les clochettes ou gouttes, les mutules, les modillons et les denticules. Ces différentes dénominations renferment tous les profils qui peuvent s'employer dans les édifices de tous les genres. Il en est qui ne conviennent qu'à l'ordre dorique, comme les mutules, les triglyphes et les gouttes; tandis que la denticule et le modillon n'appartiennent qu'à l'ionique et au corinthien.

Les moulures sont les parties qui composent les profils. On les désigne sous les noms suivans : la face, le socle, le bandeau et le larmier, qui peuvent être employées dans les différens ordres, il en est de même des parties suivantes qu'il nous reste à dénommer, savoir : la baguette, le tors, le filet, le talon, le cavet, le quart de rond, la doucine, la scotie, les canaux et les cannelures.

L'étude des profils est si essentiellement liée à celle de l'architecture, que sans cette connoissance elle n'offriroit aux yeux que de simples corps de mâçonnerie sans caractère et sans goût. L'invention et la composition des profils sont les fruits du génie; et c'est l'heureux choix des masses et l'application juste des profils, c'est l'alliance heureuse de ces deux parties qui fait d'un édifice un objet digne de fixer les regards de l'artiste et de l'amateur. La preuve en est sensible; car les masses et les profils ont toujours marché d'un pas égal dans leurs progrès comme dans leurs décadences. On les a vu tous deux considérablement altérés dans les siècles d'ignorance; on les a vu se renouveler, se perfectionner dans les jours où le génie et le goût sont rentrés dans tous leurs droits. D'où il faut inférer qu'en architecture tout dépend des divisions et des rapports que les lignes ont entre elles; et la science des lignes est la science élémentaire de cet art.

CHAPITRE XXVI.

De l'arrangement des moulures.

L'HEUREUSE exécution des profils dépend de plusieurs règles, qu'on peut réduire à deux principales. La première fixe la proportion que doit avoir la saillie d'un profil relativement à sa hauteur; la seconde détermine le nombre plus ou moins grand de moulures qu'exige le genre d'ordonnance auquel elles sont adaptées. On peut donc rapporter à la première de ces loix celle qui veut qu'une base de colonne, de quelqu'ordre qu'elle soit, n'excède pas en hauteur la moitié du diamètre, et que sa saillie soit environ le sixième du même diamètre. Ce sont les mêmes principes qui exigent que la corniche de l'ordre dorique ait de hauteur les deux tiers de la saillie (1); tandis que les corniches ioniques et corinthiennes (2) doivent offrir une saillie égale à leur hauteur.

L'ON rapportera à la seconde loi la règle qui n'admet, dans une base, que trois ou quatre moulures au plus, quand la colonne est dorique, et qui en permet depuis sept jusqu'à douze dans celles des autres ordres. Par suite de la même règle, les moulures doivent être peu nombreuses dans l'entablement du

(1) Fragment d'Albane. Parallèle de Chambray, pag. 19.

(2) Temple de la Fortune Virile, p. 37. Idem la Rotonde à Rome, p. 65.

premier ordre, et, au contraire, être plus multipliées dans les entablemens ioniques et corinthiens.

Ainsi, à l'égard des corniches en général, il faut que les tems ou les différentes masses de moulures qui les composent soient bien marqués, de-là naît le mouvement des profils. Dans les corniches qui appartiennent au premier ordre, l'on n'emploie que deux tems ou deux masses de moulures; dans celles des autres ordres l'on en emploie au moins trois. Les moulures déliées, telles que les filets et les baguettes, sont destinées dans tous les profils à servir de passage aux moulures principales et à les faire ressortir; or, les moulures principales que nous avons fait connoître, sont: les doucines, les larmiers, les quarts de rond, les cavets, les talons, etc. Il n'est pas moins essentiel pour la perfection d'un profil que chacune des moulures soit bien prononcée et présente la forme naturelle qu'elle doit avoir. C'est pourquoi un quart de rond trop plat, un cavet qui n'auroit point assez de renfoncement, seroient défectueux, parce que n'ayant pas le quart de cercle, qui est leur mesure commune, pris en sens contraire, ils n'indiqueroient pas suffisamment la forme qu'ils doivent avoir. Il en est de même de la doucine et du talon qui sont formés chacun par deux courbes continues, mais opposées dans leurs développemens et décrites par des rayons semblables; de sorte que l'une est en saillie et l'autre en renfoncement; ces deux moulures sont inverses entre elles. Le modillon, comme faisant partie de la corniche, doit offrir dans sa longueur ou saillie, le double de sa largeur, tandis que les denticules ne peuvent s'écarter dans leur hauteur du double de leur largeur; l'entre-denticule ou l'espace qui les détache, doit être au plus la moitié de la largeur de chaque denticule.

Quant aux profils des architraves, archivoltes et chambranles, ils doivent être de différentes proportions, quelque nombre de moulures qu'on y admette. Les faces doivent se commander les unes aux autres, de sorte que la première, qui est toujours couronnée d'une moulure quelconque, domine la seconde, ainsi des autres.

Mais s'il est des règles sur la disposition des profils à l'égard des ordres en général, il en est aussi qui sont relatives à la disposition de ces mêmes profils combinés ensemble. Il seroit contraire au bon goût de placer indistinctement les moulures, les unes auprès des autres, parce que de leur association dépend l'élégance des profils. Ainsi la doucine ne peut jamais être surmontée immédiatement que d'un filet ou d'une face, elle ne peut également avoir au-dessous d'elle que la baguette ou le filet. Le talon doit être couronné de la même manière; mais jamais il ne se doit trouver voisin d'un quart de rond, soit qu'on le place au-dessus, soit qu'on le mette au-dessous. Les mêmes moulures séparées seulement par un filet, seroient d'un mauvais effet; mais le talon peut se reposer sur une face lisse, de quelque dimension qu'elle soit. Cette règle est applicable au quart de rond lui-même et au cavet; la baguette et le filet sont moins assujettis à toutes ces règles, et se placent à volonté. Le tors exige souvent deux filets et veut être environné de parties lisses, comme le socle ou le plinthe: la scotie exige les mêmes filets. Le larmier, ce membre indispensable de toutes les corniches, commandé pour leur conservation et pour l'effet du profil, doit occuper la partie dominante de leur saillie; et quoiqu'on puisse citer des exemples dans l'antique même (1) où ce membre est supprimé, cette suppression est un véritable défaut qu'il est essentiel d'éviter.

(1) Le temple de la Paix. Palladio, liv. IV, pag. 14. — Ruines de Palmyre, Pl. XXIII, XXIX et XL.

Après avoir établi les règles que se sont proposées les plus habiles artistes dans les proportions et l'arrangement des moulures, nous nous permettrons, avant de terminer ce chapitre, quelques réflexions qui servent à prouver combien ces proportions et cet arrangement contribuent à une harmonie, conforme à la nature de notre organisation. Car, comme le dit Montesquieu : « Si notre vue avoit été plus foible et plus confuse, il auroit fallu « moins de moulures et plus d'uniformité dans les membres de « l'architecture : si notre vue avoit été plus distincte, et notre « ame, capable d'embrasser plus de choses à la fois, il auroit « fallu dans l'architecture plus d'ornemens : » (1).

Nous avons comparé l'architecture à l'éloquence, à la musique et à presque tous les arts destinés à nos jouissances ; par une suite de ces comparaisons, nous dirons que l'architecture ayant pour objet, comme l'éloquence, de plaire en même-tems qu'elle contribue à notre utilité, elle doit, comme elle, ses charmes et ses grâces à l'heureuse disposition des moyens que l'artiste emploie pour frapper nos sens.

L'éloquence tient de la nature ses plus beaux secrets pour convaincre et s'assujettir les cœurs. L'architecture puise aussi dans la même source les moyens les plus propres à captiver les yeux, et quoique la nature ne lui offre pas de modèles fixes qu'elle puisse imiter, elle lui présente cependant, par cette harmonie, cette juste correspondance des parties qui la composent, des règles sûres qui lui indiquent la précision des rapports, et la liaison entre les différens membres dont elle tire tantôt sa magnificence, tantôt son élégance, et toujours sa justesse et son expression.

(1) Essai sur le goût, tom. VI, pag. 387, Amsterdam 1761.

L'Éloquence frappe l'oreille et fait parvenir au cœur des sentimens qui le décident, qui l'enflamment, qui le transportent en quelque sorte hors de lui-même, suivant l'effet que l'orateur a intention de produire, et ce n'est que l'arrangement des mots, la combinaison des expressions et des phrases qui paroît produire ces différens prodiges. Il est de même dans l'architecture, un arrangement, une disposition, une combinaison de différens membres, d'où résultent les grâces et la force de cet art. De sorte que l'architecture fait éprouver à l'ame, par l'entremise des yeux, les sensations les plus agréables ou les plus variées; et cette disposition des moulures répand sur les édifices auxquels elles sont adaptées, tantôt un air de majesté et de grandeur, tantôt un ton d'élégance et une beauté qui surprend toujours le spectateur, pour peu qu'il soit doué d'un jugement sain et d'une ame sensible aux productions des arts.

Si l'éloquence nous offre des moyens de comparaison dont l'application est naturelle à l'architecture; la musique, dans son harmonie, nous fera sentir beaucoup mieux encore combien il importe à l'architecte de s'instruire des rapports que doivent avoir entre eux les différens membres qu'il emploie. Pourquoi voyons-nous tous les jours, l'homme le moins instruit des règles de la musique, éprouver une sensation désagréable, lorsque le musicien fait entendre des détonations contraires aux règles et au bon goût; cet homme interrogé sur ce qui lui déplaît, auroit souvent beaucoup de peine à rendre raison du désagrément qu'il éprouve, et cependant ce désagrément est réel et fondé. Il en est ainsi dans l'architecture : quelque recherchée que soit une masse de moulures ou de profils; quelque juste qu'elle soit dans ses proportions avec le corps qui la reçoit, si les moulures qui la composent sont mal disposées, si les différens profils sont durs et n'offrent qu'un aspect rude, si le nombre en est mal soutenu, si la chûte en est précipitée, on sent alors qu'il manque quelque chose à leur disposition ; l'ignorance des principes de l'art arrêtera peut-être le spectateur dans le jugement qu'il doit porter, il ne rendra pas raison du défaut qui le blesse, mais il le sentira assez pour refuser, à l'édifice qui le lui présente, le suffrage que lui auroit mérité une sage combinaison dans le rapport et l'arrangement des profils. « Les hommes en général, ceux même qui sont sans études, jugent par un certain goût naturel, le bon ou le mauvais dans les productions des beaux arts » (1).

Nous n'insisterons pas d'avantage sur cette vérité, quelqu'importante qu'elle soit. Cette double comparaison suffit pour convaincre que la science de l'architecte ne consiste pas précisément à connoître les différens membres qu'il peut employer dans les édifices qu'il élève, mais dans l'ordre et le rapport qu'ils doivent avoir entre eux, et ces principes que nous avons établis seront, à bien des égards, applicables au chapitre suivant où nous allons parler des ornemens qu'on peut employer dans l'architecture.

(1) *Omnes tacito quodam sensu, sine ullâ arte, aut ratione, quæ sint in artibus, ac rationibus recta ac prava, dijudicant.* Cicero, lib. III, de oratore.

CHAPITRE XXVII.

Des ornemens.

S'IL ne s'agissoit que de construire un seul genre d'édifices, ceux sur-tout qui sont destinés aux habitations communes et ordinaires, il seroit peut-être inutile d'entrer dans le détail des ornemens qui paroissent tout-à-fait étrangers à ce genre de construction. Mais comme l'architecture embrasse trois styles différens, comme elle est chargée de présenter aux yeux d'une nation des monumens qui répondent à sa magnificence et à sa grandeur; qu'elle doit marquer à des caractères frappans et majestueux la demeure du chef d'un empire, qu'elle est destinée même à ouvrir aux mortels des sanctuaires où ils puissent rendre leurs hommages à la divinité; elle doit ajouter aux règles qui regardent la construction, celles qui ont pour objet la décoration et l'ornement.

LES ornemens ne sont, si on le veut, à l'égard de l'architecture, que des parties accessoires, mais ils n'en doivent pas être étudiés avec moins de soin, puisqu'ils concourent avec les parties principales à l'effet que doivent produire les monumens auxquels ils sont appliqués.

ON distingue deux différens genres d'ornemens dans l'architecture. Le premier renferme les compartimens et les caissons. On entend par compartimens une distribution de lignes qui, combinées

combinées entre elles, forment des profils d'où naissent des espaces qui donnent à l'artiste la facilité d'employer pour les unir des ornemens du second genre. On entend par caisson un compartiment beaucoup moins étendu que le premier, susceptible par conséquent d'être appliqué à des parties moins grandes et qui admet également les ornemens du second genre. Les caissons ont de particulier de ne pouvoir se prêter qu'à six formes différentes : le quarré, le losange, le pentagone, l'hexagone, l'octogone et le circulaire ; tandis que le compartiment, étant applicable à des parties beaucoup plus grandes, peut facilement varier dans ses formes. Nous finirons l'énumération des ornemens du premier genre par les bâtons rompus, les piastres, les postes et les doubles postes. Ces quatre sortes d'ornemens se placent sur les plattes-bandes des architraves ; mais les deux dernières sortes conviennent encore aux chambranles et contre-chambranles.

Le second genre se subdivise en deux espèces, la première consiste dans les rinceaux ; ce sont des enroulemens composés de feuilles d'acanthe et de fleurs ; on y joint quelquefois des génies, des trépieds ou des animaux. Cette sorte d'ornemens convient principalement à la frise dans les entablemens ionique et corinthien. On peut rappeler à ce second genre les festons et les guirlandes qui se composent de fleurs et de fruits qu'on peut employer ensemble ou séparément. Quelquefois ce sont de simples feuilles de chêne ou de laurier. Les festons et les guirlandes sont applicables aux mêmes parties que les rinceaux ; ils peuvent aussi s'adapter aux nuds des murs ; et pour ne rien omettre des ornemens qui se rapportent à cette espèce, nous remarquerons que l'on peut enrichir les mêmes parties où sont adaptées les rinceaux et les festons, de simples feuilles de chêne ou de laurier grouppées par masse, et qui forment une suite d'entre-lacs. Il existe encore les rosaces qui s'appliquent dans les caissons ; les fleurons, dont le tailloir du chapiteau corinthien est toujours orné, et quelquefois celui du chapiteau ionique; et enfin les culots qui se placent indistinctement selon que les parties paroissent l'exiger. La deuxième espèce d'ornemens qui dépend du second genre est la plus simple de toute, parce qu'elle n'est susceptible que de s'adapter aux différentes sortes de moulures dont ces ornemens épousent les contours sans en altérer les formes; ils se réduisent aux feuilles de refend ou feuilles d'acanthe, aux feuilles d'olivier et aux feuilles d'eaux, qui s'appliquent à la doucine et au cavet. Ces mêmes ornemens sont capables d'enrichir le talon, qui souvent aussi peut être décoré par des trefles et des rays de cœur. Le quart de rond en général s'enrichit de l'ove, dont la forme, assez semblable à celle de l'œuf, est communément séparée par des dars pour éviter la monotonie; cependant l'on y adapte quelquefois de petits canaux. La baguette n'admet que les chapelets dont les formes sont susceptibles d'une grande variété; quelquefois, mais seulement dans les intérieurs, elle s'enrichit d'une espèce de ruban; enfin, les pommes de pins, qui sont la dernière sorte d'ornemens relative au troisième genre, sont employées à détacher les denticules dans leur retour. On comprend qu'il n'est pas possible de donner une définition particulière de chacun de ces ornemens; la forme de plusieurs est suffisamment désignée par la dénomination même; et nous pouvons assurer, qu'un simple coup-d'œil, jetté sur l'ouvrage de Palladio, en déterminera une connoissance facile.

Nous ne devons point oublier de parler des arabesques; c'est une espèce d'ornemens absolument distingué des deux genres dont nous venons de parler. Cette sorte de détails est variée à l'infini dans sa composition, qui doit être toujours extrêmement légère et délicate. C'est dans l'invention des arabesques que l'artiste doit se livrer à tout ce que son imagination et son goût lui inspirent; ces inventions pittoresques ne sont assujetties à aucunes formes déterminées; elles dépendent absolument de son choix, c'est le champ des licences. Mais il n'en est pas de même à l'égard de leur application. Il faut d'abord que les arabesques soient placées avec convenance, l'ordre dorique les rejette. Ensuite elles doivent n'être employées que dans les décorations intérieures, parce qu'elles doivent être animées par la magie des couleurs qu'elles empruntent de la peinture; quelquefois, cependant, la sculpture peut les exprimer à nos yeux, mais alors elles n'ont pas le même avantage. Les arabesques rappellent toutes les formes connues, ainsi que toutes les espèces de productions que nous peut offrir la nature. C'est de l'arrangement et de la division des parties et des formes, souvent les plus disparates en apparence, que naît ce charme qui est propre et particulier à cette espèce d'ornement. Le Vatican à Rome, ou le palais du pape dans ses superbes galleries, en offre le plus célèbre exemple; c'est là que Raphaël a montré quelles ressources il savoit trouver dans son génie, pour traiter avec succès tous les genres possibles d'inventions (1). La France, dans le château des Tuileries, ainsi que dans plusieurs édifices, rassemble aussi des exemples précieux de cette espèce ingénieuse d'ornemens. Il en est de ce genre particulier d'invention, comme des autres parties de l'art; c'est aux anciens qu'il est dû : le tems nous en a laissé des fragmens divers dans les bains de Titus, et autres ruines antiques.

Ces règles générales que nous venons d'établir par rapport à l'application des deux genres d'ornemens qu'emploie l'architecture, exigent, pour être mieux senties, que nous fassions faire

(1) Le public jouit depuis quelques années, par la gravure, de la collection complette de ces riches et nombreux ornemens.

aux lecteurs une observation qui est comme le résumé de toutes ces règles, parce qu'il pourroit arriver que, trouvant ces ornemens de différens genres dans des édifices où ils ont été employés sans génie et sans goût, ils se trompassent dans l'application qu'ils en voudroient faire. Or, comme nous avons loué à juste titre l'architecture antique, que nous l'avons proposé pour modèle à ceux qui veulent acquérir la connoissance du vrai beau, nous renvoyons nos lecteurs à cette même architecture, pour y découvrir le juste emploi qu'on doit faire des différentes sortes d'ornemens.

Les ornemens participent ordinairement ou aux défauts ou à la perfection de l'architecture à laquelle ils sont adaptés; aussi voyons-nous que les trois espèces d'architecture, l'antique, la gothique, et celle qui tient de l'une et de l'autre, donnent aux ornemens qui les décorent un caractère qui est propre à chacune d'elles. De là l'élégance, la richesse et en même tems la pureté des ornemens que nous offrent les beaux monumens de l'antiquité, et ceux construits depuis trois siècles sur ces modèles. On y voit une distribution sage et bien sentie. Chaque partie y est subordonnée à celle qui l'accompagne, la fait valoir, ou en obtient un heureux effet. L'œil, au milieu de l'agréable variété qui l'occupe, apperçoit des formes qui le promènent en quelque sorte dans leur contour, sans le livrer à aucune incertitude qui l'égare, on y admire l'opposition soutenue du linéaire avec les ornemens qui l'enrichissent. En effet, les compartimens, les caissons que les ornemens de la première espèce du second genre remplissent, et dont ceux de la seconde espèce enrichissent les cadres; tout, dans ses compositions, est si bien ordonné, qu'elles paroissent appartenir plutôt à la nature qu'à l'art. Un exemple sensible peut nous convaincre de cette vérité. La voûte du temple du Val-de-Grace, dans son magnifique appareil d'ornemens, va nous le faire sentir d'une manière frappante. Quelle grandeur de division dans les compartimens ! quelle variété dans les formes ! quelle justesse dans les liaisons qui les unissent ! quelle science dans le choix des figures qui y sont employées ! que l'on y reconnoît bien les mains habiles qui les ont sculptées ! (1) Faut-il s'étonner si cette superbe voûte, considérée dans toutes ses parties, est regardée comme un chef-d'œuvre. Nous pourrions encore citer, à la suite de ce beau modèle, les ingénieux compartimens des voussures et du plafond de l'escalier des ambassadeurs à Versailles ; ce morceau d'architecture subsistoit il y a quarante années, mais il est maintenant détruit (2). Nous avons obligation à la gravure de l'avoir préservé de l'oubli.

Mettons maintenant en opposition les ornemens de l'architecture gothique, et ceux qu'emploie l'architecture, dite françoise, ainsi que celle du Borromini.

Dans l'architecture gothique ce sont quelques enroulemens à peine ébauchés, des figures informes, des feuilles sans choix, sans goût dans la distribution, sans précision et sans exactitude dans l'exécution ; on seroit souvent embarrassé de décider si les compositions de ce genre, que cette architecture présente, appartiennent au linéaire ou à l'ornement ; ce sont souvent de minces contours qui se lient et qui s'entrelacent comme le filigrane. Il est inutile de citer des exemples de ce genre, beaucoup d'églises de la capitale, et sur-tout la métropole, mettent le lecteur à portée de vérifier cette remarque.

(1) Les frères Anguiers, célèbres statuaires, en sont les auteurs.

(2) L'immortel Lebrun en avoit composé l'ordonnance.

Je sais qu'il existe des édifices gothiques dans lesquels on rencontre certains ornemens qui par leur nature, et même leur exécution, méritent l'estime des artistes. Mais si l'on s'instruit de l'époque où ces accessoires ont été adaptés à ces mêmes édifices, l'on reconnoît qu'elle ne remonte pas au-delà de trois siècles, c'est-à-dire, du renouvellement des arts. Je puis avancer d'ailleurs, que si de pareils ornemens ont un mérite réel en eux-mêmes, toujours est-il vrai qu'ils sont étrangers à l'ensemble de l'édifice qui les offre.

Dans l'architecture dite françoise, les ornemens y sont reconnoissables par leur maigreur; elle a, comme la précédente, le défaut d'offrir des sinuosités qui n'appartiennent proprement ni à l'ornement, ni au linéaire, et qui souvent se confondent avec ce dernier. Ce sont de petites masses souvent subdivisées entre elles par une infinité de parties, l'œil est sans cesse égaré dans ces différens contours, et rien n'y est propre à le fixer sur la nature de cette sorte de composition. Nous croyons donc pouvoir conclure que ces deux sortes de manières sont également à rejetter, parce qu'elles sont également opposées au vrai goût.

Nous ne manquerions pas d'exemples à offrir pour aider le lecteur à juger de la solidité de ce reproche, mais nous nous contenterons de le renvoyer aux ornemens qui enrichissent le soubassement intérieur de la chapelle de Versailles; il trouvera aussi les mêmes défauts dans plusieurs parties de ce magnifique édifice. La coupole des Invalides offre beaucoup d'ornemens contournés; l'église de Saint-Sulpice, dans les panaches de sa voûte sphérique qui attachent la nef et le chœur, et dans les divers retables de ses chapelles, en présente de grêles, de chétifs et de mesquins, qui déposent contre le goût des artistes qui les ont exécutés. Le reproche que nous faisons ici aux ornemens en général de ces deux genres d'architecture, peut s'appliquer également aux ornemens arabesques qui ont été exécutés dans chacun d'eux.

Je ne crois pas non plus devoir insister sur la bisarrerie des ornemens que l'architecture du Borromini nous présente, en général ce n'est qu'un alliage de cartouches et d'ornemens antiques décomposés qui, concourant avec un linéaire anguleux, ne laissent aucun repos à l'œil du spectateur.

Nous allons passer à l'espèce des ornemens que nous devons à Jean le Pôtre, tout-à la-fois dessinateur habile, graveur, architecte et décorateur de la première classe. Cet artiste excelloit dans la composition des ornemens; il ajoutoit, à ces différens talens, celui de tracer avec succès de riches sujets de tableaux; et les ouvrages sans nombre que nous lui devons, prouvent bien mieux la fécondité de son génie, que ne le feroit une simple énumération. Mais comme il est impossible aux hommes les plus habiles, de ne point laisser échapper de légers défauts à côté de grands exemples, et que ces défauts sont capables d'égarer ceux qui cherchent à en devenir les imitateurs, nous avertissons qu'on ne doit pas employer sans choix les détails d'ornemens que rassemblent même les ouvrages de le Pôtre. En général on trouve trop d'abondance dans ses compositions, elles sont trop chargées d'objets, les rinceaux et les feuilles y sont trop refendues et ne laissent souvent valoir que la tige qui les porte. C'est ce qui fait que les œuvres de cet habile artiste ne doivent point être imitées sans discernement. Les ornemens arabesques sont ceux où cet architecte a paru le moins heureux, quoiqu'il s'y rencontre des parties ingénieuses; on lui reproche une manière lourde et pesante en ce genre; mais on ne s'égarera jamais, lorsqu'après avoir médité les ouvrages de ce grand homme, on fera la comparaison des ornemens qu'il emploie, avec les ornemens antiques; cette double observation fournira des connoissances suffisantes sur cette branche agréable de l'architecture, et multipliera les moyens dans l'exécution.

Si je ne craignois de fatiguer le lecteur par des citations trop abondantes, je le renverrois encore à la riche et magnifique collection de Piranèse, ce beau génie que les arts ont perdu il y a peu d'années; son recueil réunit des parties d'ordonnances très-étendues et très-variées. Les détails d'ornemens qu'il renferme sont tous pris ou imités d'après l'antique. Cet artiste, né au sein des merveilles que l'Italie rassemble, a formé sa collection des ruines encore existantes, et de celles qui sont dérobées à l'oubli des tems par les dessins des grands maîtres; il y a ajouté ce qu'un talent nourri et échauffé par les chefs-d'œuvre en ce genre peut offrir de plus ingénieux. Il faut cependant se défendre, en parcourant ses ouvrages, de l'effervescence de son imagination.

CHAPITRE

CHAPITRE XXVIII.

De la disposition des colonnes.

Les différens principes que nous avons donnés des trois ordres de l'architecture, prouvent que toutes les proportions qui leur appartiennent, constituent l'essence de cet art. Ainsi nous donnerions une connoissance imparfaite des rapports en architecture, si nous ne parlions pas des divers espacemens dont les colonnes de ces trois ordres sont susceptibles.

Il est constant que c'est de la disposition des colonnes et de leurs espacemens entre elles, que dépend absolument le bon ou le mauvais effet des péristiles; et quoiqu'il soit difficile de fixer toutes les modifications qu'exigent les circonstances dans l'exécution d'un édifice, il est cependant possible de répandre des lumières sur cet objet, capables de guider l'amateur dans ses observations, et le jeune artiste dans ses recherches, ainsi que dans la route qu'il peut tenir lorsqu'il veut composer.

Il ne faut point perdre de vue que chacun des ordres a son caractère propre, et quoique les membres principaux qui les composent aient la même dénomination, néanmoins ils ont, comme on le sait, de grandes différences dans leurs proportions respectives, soit qu'on les considère dans le nombre des parties qui les composent, soit qu'on les envisage dans les ornemens variés qu'on emploie à les enrichir; nous dirons ici que chacun de ces ordres est également susceptible de diversité dans l'espacement des colonnes. Mais pour fixer notre esprit à des principes généraux et déterminés, nous reconnoîtrons avec Vitruve cinq différens genres d'espacemens; savoir, le pycnostyle, le systyle, l'eustyle, le diastyle et l'aræostyle.

Le pycnostyle est le genre où les colonnes sont très-voisines les unes des autres. Il fixe leur espacement à un diamètre et demi seulement du nud de la colonne à l'autre. Le systyle est fixé à la distance de deux diamètres, l'eustyle à deux diamètres un quart, le diastyle à trois diamètres, l'aræostyle n'a presque plus de bornes, puisque ce genre permet depuis trois diamètres et demi jusqu'au terme le plus écarté que puisse souffrir la solidité de la construction.

Le pycnostyle ou premier genre, doit s'employer de préférence avec l'ordre corinthien; il n'est guères praticable, même dans cet ordre, que pour les plus grands édifices; la raison en est que comme il tient les entre-colonnes fort étroits, la circulation seroit gênée dans des constructions de moyenne grandeur, et nuiroit inévitablement au service du bâtiment, les jours qui doivent éclairer toute habitation quelconque, les entrées qui doivent en faciliter l'accès ne pourroient point se concilier avec le pycnostyle. On peut citer, à la vérité, dans les antiquités de la Grèce, l'ordonnance du temple de Corinthe, où les colonnes doriques sont rapprochées, ainsi que le permet ce premier genre; mais cet exemple n'est point une règle absolue pour cet ordre, qui permet, au contraire, de ne point user de cette espèce d'entre-colonnes.

Le systyle ou second genre peut également convenir à l'ordre corinthien ainsi qu'à l'ordre ionique ; mais il a, par rapport au corinthien, le même inconvénient que le genre précédent à l'égard des bâtimens qui ne seroient point d'un grand module. L'application de ce genre d'espacement ne souffre point de difficultés pour l'ordre ionique dans les constructions d'une moyenne grandeur, parce que son diamètre est plus fort que le corinthien à raison de sa hauteur.

L'eustyle ou le troisième genre est celui que, depuis le renouvellement des arts, les habiles architectes emploient le plus volontiers; ils en ont fait usage avec les trois différens ordres. Je dirai cependant, selon l'antique, que cette sorte d'espacemens ne devroit être mise en œuvre que dans l'ordonnance dorique et ionique des édifices d'un module moyen, parce que dans le corinthien l'eustyle fait perdre nécessairement beaucoup à l'effet que doivent produire les colonnes. Du reste on doit convenir que ce genre mérite à tous égard l'accueil que lui a fait le plus grand nombre des architectes. Il favorise la distribution des édifices, il permet une libre et facile circulation dans les péristiles, il rend l'ouverture des portes et des croisées bien plus favorable à l'usage auquel on les destine pour l'intérieur des bâtimens, et souvent il permet d'enrichir les grands édifices de chambranles, de contre-chambranles et d'autres ornemens relatifs à la construction de ces ouvertures.

Le diastyle ou quatrième genre, ainsi que l'aræostyle, le cinquième et le dernier, sont les plus difficiles à appliquer avec succès ; il faut être très-versé dans l'art des combinaisons en architecture, pour faire un heureux emploi de ces deux derniers genres. Voici cependant l'application la plus raisonnable que nous puissions en indiquer. Le diastyle ne nous paroît applicable que dans les ordonnances doriques, lorsque toutes les colonnes sont également distantes les unes des autres ; mais dans ce cas il faut qu'elles soient peu éloignées des murs uxquels elles correspondent, parce que leur effet en souffriroit absolument (1). Ce même genre peut s'employer avec l'ionique et même le corinthien dans la construction d'un péristile, pourvu que les colonnes n'y soient pas également espacées, de sorte que l'entre-colonne du milieu soit diastyle, tandis que les suivans seront pycnostyle ou systyle ; mais le genre aræostyle, qui est celui qui n'a presque plus de mesure ni de terme dans ses espacemens, ne peut s'employer avec l'un des trois ordres, que lorsque les colonnes touchent immédiatement les murs d'enceinte, et encore faut-il que les distances respectives des colonnes soient variées comme il est dit ci-dessus.

On conçoit que ces loix, que nous venons d'établir sur la disposition des colonnes, regardent particulièrement les ordres, quand ils sont employés à décorer les façades ou les extérieurs des bâtimens ; que les mêmes ordres mis en œuvre dans l'intérieur, peuvent permettre différentes exceptions à ces loix générales ; mais ces exceptions dépendent toujours du goût et de l'intelligence de l'architecte, il pourra, selon la destination particulière du lieu qu'il veut décorer, admettre celui de ces genres d'espacemens de colonnes qui lui paroîtra le plus convenable à son objet, observant néanmoins qu'elles ne perdent rien de leur effet principal, et dont le succès le plus certain en général, consiste à ce qu'elles soient peu distantes les unes des autres.

La nature des colonnes rend l'application de ces principes

(1) L'espacement des colonnes du portail de Sainte-Geneviève est de trois diamètres, ou diastyle; cette disposition enlève à ce péristile une grande partie des effets qu'il produiroit, s'il étoit eustyle, ou mieux encore, systyle; et dans ce cas, les moyens d'exécution eussent été plus faciles, et la solidité plus complette.

difficile, en voici la raison. La forme circulaire des colonnes n'offre à l'œil aucun angle qui lui donne des points déterminés pour apprécier leur grosseur réelle ; l'œil glisse en quelque sorte sur la surface, parce que la lumière n'en éclaire qu'une partie, de-là suit la perte réelle qu'éprouvent les colonnes dans leur apparence, et cette observation démontre que les colonnes corinthiennes doivent être employées plus serrées, parce que dans un espace semblable en hauteur et largeur, elles ont moins de grosseur que celle de l'ionique, comme l'ionique lui-même relativement au dorique qui est le plus fort des trois ordres.

Ces principes incontestables servent à établir une vérité que nous avons enseignée dans l'un des précédens chapitres ; c'est qu'il est toujours contraire à la belle ordonnance de cumuler les ordres, ou de les élever les uns au-dessus des autres. Chaque ordre a des loix qui lui sont propres ; et l'effet que produit un édifice aux du spectateur, dépend essentiellement de la fidélité de l'artiste yeux à ces différentes loix. Si vous entreprenez de combiner les trois différens ordres en plusieurs étages, il faut nécessairement que leur axe soit commun, et alors les espacemens en deviendront indispensablement différens ; et tandis que l'un des ordres se trouvera dans les proportions qu'il doit avoir, les autres perdront de leur effet. Ainsi, quoique les exemples nombreux qui existent de cette sorte de construction semblent combattre ce principe, l'observation met tout connoisseur en architecture à portée d'en saisir la justesse.

Et pour que le lecteur puisse facilement faire cette observation, nous le renvoyons d'abord aux façades de la cour du Louvre. Ce monument, qui mérite notre admiration à tant d'égards, offre des ordres élevés à-plomb les uns des autres ; ce même défaut se trouve au palais des Tuileries, à celui du Luxembourg, au frontispice de plusieurs de nos temples, à celui de Saint-Sulpice sur-tout, où Servandoni, ayant senti les inconvéniens de cette sorte de combinaison, a voulu en sauver les défauts par la construction des arcades qu'il a érigées entre les colonnes de son second ordre; mais il n'a fait que rendre plus sensible le vice de ce genre d'ordonnance, parce qu'au lieu de l'espacement disproportionné qu'auroient eu les colonnes, il fait appercevoir des porte-à-faux peut-être plus irréguliers encore (1).

Mais sans sortir de son cabinet, l'observateur peut faire l'application de nos principes, en jettant un coup-d'œil sur la gravure du fameux palais Farnèze à Rome. L'auteur de ce monument a établi les trois ordres dorique, ionique et corinthien, à-plomb les uns des l'autres. Le premier est élevé sur un simple socle, il a ses colonnes engagées dans les pieds-droits des arcades intermédiaires; cet ordre dorique est d'une proportion heureuse; le second, engagé dans de pareilles arcades, est porté sur un stylobate, ce qui corrige un peu le défaut qu'entraîne la réunion des deux ordres, mais le troisième ordre ne peut plus jouir de ses avantages. En vain l'architecte a mis en œuvre tous les ressorts possibles pour soutenir l'effet des espacemens; en vain il a choisi de préférence pour ce troisième ordre, qui est corinthien, des pilastres au lieu de colonnes; persuadé, sans doute, que ceux-là perdent moins par leur forme plane et leur foible saillie sur les murs; en vain a-t-il grouppé deux demi-pilastres avec chacun de ces derniers, il n'a rien sauvé de l'espacement défectueux qui résulte nécessai-

(1) J'ai vu différens dessins originaux de Servandoni, dans lesquels il a essayé d'employer l'ordre ionique, tel qu'il avoit tracé l'ordre dorique. C'est ainsi qu'il fit graver son portail à Londres, dans son voyage d'Angleterre, tandis que l'on construisoit à Paris le second ordre avec les arcades entre les colonnes; mais quand bien même ce dernier eut été construit tel que nous voyons le premier ordre, il n'auroit jamais pu conserver l'avantage des espacemens que présente le dorique.

rement de toute ordonnance composée de différens ordres érigés à-plomb les uns des autres.

Nous croyons encore devoir répondre à une objection que nous nous sommes faite à nous-mêmes. Comment les plus célèbres artistes, depuis le renouvellement des arts, auroient-ils pu se méprendre dans l'application des différens ordres? Sans doute ils ne les auroient pas ainsi cumulés, s'ils n'avoient pas cru en obtenir un bon effet.

Il faut observer premièrement que les monumens anciens, comme les amphithéâtres, leur en offroient des exemples; secondement, qu'ils espéroient dans ces ordonnances mixtes, saisir l'occasion d'étaler dans un même édifice toutes les beautés que le plus grand nombre des ruines de l'antiquité ne leur montroit qu'éparses; troisièmement, que l'expérience ne les avoit pas encore mis à portée de saisir les défauts de ces sortes de constructions; enfin, que leur célébrité, et les chefs-d'œuvre qui sont sorti de leurs mains, nous annoncent assez par leur fidélité aux grands principes, qu'ils n'eussent point abandonné celui-ci, si, de leur tems, ils eussent eu plus de modèles à comparer (1).

(1) Consulter sur cette intéressante matière des espacemens des colonnes, les péristiles des différens temples antiques qui ont été l'objet de nos applications sur les proportions des ordres. La nomenclature des ouvrages cités à ce sujet, devient inutile.

CHAPITRE XXIX.

Des diverses espèces de bâtimens enrichis de péristiles.

Les loix que nous avons établies précédemment sur les différentes proportions de chacun des ordres, et sur les divers espacemens que les colonnes doivent observer entre elles, nous conduisent à examiner la manière de les employer dans les bâtimens où elles conviennent. Et comme nous devons à l'antiquité les exemples les plus précieux sur cette matière; ce sera encore dans les édifices grecs et romains que nous prendrons les notions relatives à la nature des péristiles.

Les temples anciens sont les monumens qui rassemblent les combinaisons les plus intéressantes de l'emploi des différens ordres.

Mais avant que de nous en occuper, il convient d'indiquer les dénominations diverses qui sont propres aux péristiles. Je dirai que les façades et les distributions intérieures des bâtimens qui en sont enrichis, prennent des noms différens selon le nombre des colonnes qui les construisent. L'on entend par façades les parties extérieures qui donnent entrée aux édifices.

L'on nomme distributions intérieures les pièces diverses qui composent et subdivisent l'ensemble d'un plan.

Les

Les termes de tétrastyle, hexastyle, octostyle, décastyle et dodécastyle, servent à distinguer les façades composées de péristiles. Les mêmes noms s'appliquent également aux décorations intérieures, selon le nombre des colonnes qui y sont mises en œuvre.

Le tétrastyle est un péristile qui présente quatre colonnes de front dans une façade. L'on appelle ainsi un nombre égal de colonnes disposées en échiquier dans les pièces de distributions intérieures d'un édifice.

Le péristile hexastyle est composé de six colonnes aussi de front; l'octostyle en offre huit, le décastyle dix, le dodécastyle douze, également disposées sur une seule et même ligne.

Nous allons reconnoître dans le chapitre suivant l'utilité de ces dénominations, pour classer dans la mémoire l'étendue et l'importance des différens péristiles et des portiques qu'une façade peut offrir; elles servent en partie à nous indiquer dans les temples quelle est leur capacité et leur étendue.

CHAPITRE XXX.

Des différentes espèces de temples chez les anciens.

Quoique la disposition des temples antiques ne puisse convenir sans des changemens considérables dans celle de nos temples modernes, il est cependant de la plus grande utilité de connoître et la nature et les proportions qui leur sont propres. C'est pour ne les avoir pas assez étudié, qu'un très-grand nombre d'architectes, depuis le renouvellement des arts, nous offre, dans les temples qu'ils ont construits, des distributions et des proportions choquantes et souvent ridicules. Nous devons donc regarder les temples des anciens comme la source du vrai genre, par lequel les artistes qui les ont érigés, se sont efforcés d'imprimer un caractère de dignité et de grandeur, absolument particulier aux édifices consacrés au culte de leurs dieux.

Il résultera de la connoissance du nombre et des différentes espèces de temples antiques, les moyens les plus utiles pour les progrès de l'ordonnance de ceux que nous aurons à construire. Nous pouvons assurer d'ailleurs que les lumières acquises sur la décoration de cette sorte de monumens, influeront beaucoup sur le succès que l'architecte veut obtenir dans l'exécution de tous les bâtimens dont il peut être chargé.

L'on distingue huit espèces de temples chez les anciens ;

savoir, le parastates ou à antes, le prostyle, l'amphiprostyle, le périptère, le pseudodiptère, le diptère, l'hypæthre et le pseudopériptère.

Le parastates est le premier et le plus simple entre les temples de l'antiquité ; il ne présente à son frontispice que deux colonnes en avant-corps, surmontées par un fronton. Les angles ou écoinçons du corps du temple (qu'il faut considérer isolé ainsi que tous ceux dont nous allons parler) sont ornés de simples pilastres qui en déterminent la nature. Vitruve nous en a transmis plusieurs exemples, tels que les trois temples de la Fortune, et principalement, dit-il, celui qui est proche de la porte Colline (1).

Le prostyle, ou temple qui n'a de péristile que sur la face d'entrée, est un tétrastyle. La qualité de tétrastyle ne lui est cependant pas essentielle, comme l'a observé l'architecte le Roy ; le temple de Minerve-Poliade, ou d'Erecthée, est prostyle et hexastyle tout ensemble. Vitruve, sur cette seconde espèce, cite celui consacré à Cérès Eleusine, d'une ordonnance dorique, commencé par Ictinus, et achevé par Philon; mais Perrault, qui a tracé le dessin de ce temple selon le texte de Vitruve, lui a donné les proportions que les modernes attribuent à cet ordre ; il devoit le faire, au contraire, d'après celles que les monumens de l'antiquité nous en ont transmis (2).

L'amphiprostyle n'est différent du prostyle, que parce qu'il a un péristile à son chevet, semblable à celui de la face d'entrée. Le temple dont Perrault se sert pour exemple d'après Vitruve, est celui de la Concorde qu'il fait d'une ordonnance ionique; mais cette application n'est juste, comme je le dois remarquer

(1) Vitruve, liv. III, p. 58. (2) Ibid. pag. 61.

Z 2

ici, que dans la distribution qu'il lui donne; car le même temple, rapporté par Palladio, présente des différences essentielles. Le dessin tracé par l'architecte Italien est héxastyle et prostyle seulement, tandis que celui de Perrault est tétrastyle et amphiprostyle (1).

Le périptère, ou la quatrième espèce de temple offre, dans son ensemble, des dimensions générales plus grandes que celles des trois précédens. Il prend son nom des ailes ou galleries que forment, autour du temple, des files de colonnes qui en dessinent le parallèlogramme extérieur, et la façade qui lui sert d'entrée, doit être au moins hexastyle. Le temple de Minerve, dans la citadelle d'Athènes, est périptère et octostyle, celui de Thésée, qui n'est qu'hexastyle, est aussi périptère (2). Le temple de cette espèce, cité par Vitruve, est celui bâti à la Vertu et à l'Honneur, il est hexastyle seulement, et l'ordre en est ionique (3).

Quoique la dénomination de périptère soit propre aux temples, elle peut néanmoins s'appliquer aux basiliques dont les intérieurs sont composés de galleries de colonnes; mais dans celles-ci les files de colonnes sont distantes des murs d'enceinte du double de leurs espacemens respectifs, tandis que dans les galleries extérieures des temples, elles ne doivent être que de la largeur d'un entre-colonne seulement. Les exemples que nous connoissons des temples anciens s'écartent peu de cette règle. Ceux de Thésée et de Minerve ont leurs galleries larges d'un entre-colonne et un tiers. Les basiliques n'ont éprouvé, à cet égard, que de légères variations, comme nous le voyons dans celle de Fano, bâtie par

(1) Palladio, liv. IV. — Vitruve, l. III, pag. 63.

(2) Ruines des plus beaux monumens de la Grèce, tom. I, pag. 40 et 42.

(3) Vitruve, liv. III, pag. 65.

Vitruve ; les colonnes de cet édifice (1) ne sont distantes que d'un entre-colonne et demi du mur d'enceinte. Tels sont les élémens et les conditions des édifices appelé périptères.

Le pseudodiptère, ou cinquième genre de temple, prend sa dénomination de ce qu'il n'a pas deux rangs de colonnes formant une double gallerie sur chaque côté, mais une simple, dont la largeur est égale aux galeries doubles qui existent à l'extérieur des temples diptères, dont nous allons parler à l'instant.

Si l'on veut connoître particulièrement le pseudodiptère : les ruines de Palmyre (2), dans le temple du Soleil, et la traduction de Vitruve (3), par Perrault, en offrent des exemples.

Le diptère est ainsi appelé à raison des galleries doubles formées par deux files de colonnes sur chaque côté. Le frontispice des temples de ce genre est au moins octostyle. Il n'en est point de plus majestueux ni de plus piquans dans leurs effets. Vitruve fait diptère le temple de Diane à Ephèse, bâti par Ctésiphon et Métagènes (4). Le voyage pittoresque de la Grèce contient le fragment précieux d'un temple diptère, celui d'Apollon-Didyme, dont le fronstispice est décastyle (5).

L'hypaetre prend son nom de ce qu'il n'a point de voûte ni de comble qui le couvre. Il est ordinairement décastyle. Il existe néanmoins des exemples de temples de cette espèce, tel que celui de Jupiter-Olimpien à Athènes, qui étoit hypætre et octostyle seulement. Comme le diptère, il est à l'extérieur environné de

(1) Vitruve, liv. V, p. 144 et 146.

(2) Ruines de Palmyre, p. 50, Pl. III et XVI.

(3) Vitruve, liv. III, pag. 67.

(4) Ibid. pag. 68.

(5) Par Choiseuil-Gouffier, pag. 178, Pl. CXII.

doubles galleries de colonnes, et il partage avec lui la magnificence dont il est capable.

Le pseudopériptère, ou faux périptère, est la huitième espèce de temple dont les colonnes qui l'environnent à l'extérieur, ne forment point, comme au périptère, des galleries ; mais qui sont très-voisines des murs d'enceinte, ou qui sont liées avec eux, comme on le voit à la maison Quarrée de Nîmes, qui existe encore chez nous. Ce temple antique est hexastyle et d'une ordonnance corinthienne (1). Le temple de la Concorde à Rome, ainsi que beaucoup d'autres, étoit de cette sorte. Palladio, dans son œuvre, nous en fournit plusieurs exemples.

Nous laisserions cet examen imparfait sur les diverses espèces de temples anciens, si nous omettions de parler de ceux dont la forme est absolument ronde, l'on en distingue deux sortes : le monoptère et le périptère.

Le temple monoptère est celui dont le plan est circulaire, et seulement construit par un rang de colonnes qui dessine son enceinte; l'entablement de l'ordre y est surmonté d'un attique sur lequel repose la voûte de l'édifice (2).

Le temple rond, appelé périptère, est composé d'un mur qui le ferme, et enrichi au-dehors par un péristile. La voûte qui couvre l'édifice, repose généralement sur le mur d'enceinte qui s'élève plus haut que l'ordre en forme d'attique. L'antiquité nous fournit plusieurs exemples de ce genre de temple (3).

(1) Antiquités de la France, par Clérisseau, Pl. I et suiv.

(2) Vitruve, liv. IV, p. 154.

(3) Ibid. p. 136. — Palladio, liv. IV, pag. 52. — D. le Roy, tom. II, p. 49.

Il est une dernière sorte de temples ronds, mais qui n'a point, comme les premiers, des péristiles extérieurs qui l'entourent. Pour familiariser nos lecteurs avec toutes les espèces de ce genre d'édifices, nous devons donc leur indiquer ceux que nous en a aussi conservé la précieuse antiquité. Tels sont les temples de Jupiter, de la Rotonde et de Bacchus, recueillis par Palladio (1); tels, ceux de Minerve-Medica à Rome, et de la déesse de la Toux auprès de Tivoli, que contient l'œuvre de Barbault (2).

Après avoir fait connoître les différentes espèces de temples anciens, nous croyons qu'il sera intéressant et utile d'indiquer les moyens d'adapter leur ordonnance, dans la composition de ceux des peuples modernes, et principalement des chrétiens.

(1) Liv. IV, pag. 40, 75, 85 et 88.

(2) Rome ancienne, p. 18. — Divers monumens anciens, pag. 4.

CHAPITRE XXXI.

Des temples modernes.

La différence essentielle entre le culte religieux des anciens et celui des chrétiens a été la source des distributions particulières que l'on reconnoît dans la construction de leurs temples respectifs. En effet, le rit du paganisme n'appeloit le peuple aux temples des grandes divinités que certains jours solemnels de chaque année, et le culte principal consistoit dans les sacrifices qui étoient offerts aux pieds des péristiles, au milieu du parvis qui les environnoit de toutes parts (1). Les temples consacrés aux mêmes dieux, mais sous des invocations particulières, ainsi que ceux des divinités du second ordre, quoique fréquentés sans cesse, ne l'étoient que successivement par ceux qui s'y rendoient pour y faire des libations ou de simples offrandes. Par suite d'un pareil usage, l'on reconnoît aisément, que quelque fût la dédicace des temples chez les anciens; ils ne devoient pas être d'une grande capacité intérieure, puisque *la Cella* étoit principalement destinée à contenir la statue du dieu tutélaire, ainsi qu'à serrer les vases et les trépieds propres et nécessaires aux sacrifices.

L'ÉTUDE réfléchie de la structure des temples anciens démon-

(1) Ruines de Palmyre, pag. 50, Pl. III.

treroit

treroit seule la vérité de cette opinion, quand bien même l'histoire ne viendroit pas à son appui. Il est constant, par exemple, que le temple de la Paix, celui de Bacchus et de la Rotonde, ont été presque les seuls d'une grande capacité intérieure; encore n'est-il pas certain, que lors de sa construction, le Panthéon fût un temple.

Le rit des chrétiens, au contraire, les appelle journellement dans les temples, les cérémonies et les prières y attirent un concours nombreux de fidèles. C'est aux pieds des autels, et dans le sanctuaire même, que les chrétiens vont adresser leurs vœux à l'Eternel. De-là, l'utilité de la grandeur dans le corps même de nos temples modernes. Les architectes qui ont construit les églises gothiques ont été sans doute en partie dirigés par ce motif à construire les cathédrales d'un intérieur vaste et immense comme elles sont la plupart; destinées d'ailleurs à l'usage de tous les habitans d'un même diocèse.

Rome, aujourd'hui le centre de la catholicité, renferme le plus vaste, le plus magnifique des temples qui ait jamais existé, la basilique de Saint-Pierre, dont nous avons fait connoître dans nos chapitres précédens toute l'importance.

Le nom de basilique que porte ce temple, et qu'il tient du monument qu'il a remplacé, concourt à nous prouver que les basiliques ont été, de préférence aux temples antiques, converties en édifices sacrés par les chrétiens. L'histoire nous apprend que la première employée à cet usage, est celle qui porte le nom de Saint-Paul à Rome.

Indépendamment de la convenance dans leurs distributions, que les basiliques offroient au culte de nos pères; il existoit dans les chefs de l'état et ceux de la religion, aux premiers siècles de l'église, une espèce d'horreur contre les temples des divinités anciennes, qui les décida à les abandonner.

Lorsque le christianisme devint la religion dominante, déja le goût des arts avoit disparu; les artistes, dans ces tems de barbarie, chargés de construire les temples que la piété inspiroit d'ériger, oublièrent bientôt les formes simples et larges des basiliques, leurs premiers modèles; ils employèrent dans leurs nouveaux plans des formes étrangères, soit à l'intérieur, soit à l'extérieur. Au chevet, ils dessinèrent des galleries circulaires, dites ronds-points, et au frontispice des ordres dénaturés.

L'innovation des ronds-points, nous devons le dire, l'une des plus remarquables, ne se manifesta pas seulement dans les églises gothiques, elle se reproduisit encore dans les temples construits de nos jours, aussi est-ce ensuite de la sorte d'autorité que le tems et l'importance de ces édifices sembleroient donner à ces licences, que nous devons nous livrer à un examen particulier, et sur les ronds-points, et sur les frontispices des différens temples des chrétiens.

Nous avancerons d'abord que, dans toute composition d'une architecture régulière, l'on ne peut se permettre des distributions de galleries concentriques, faisant parties des plans rectilignes, et la démonstration en est facile.

Lorsqu'on examine attentivement la construction de nos églises, principalement celles bâties selon les proportions de l'architecture grecque, dans le cours de ce siècle même; l'on y reconnoît, dans la distribution de leurs ronds-points, que le cercle inscrit étant plus resserré par sa position que celui qui le circonscrit;

il suit de-là, que les parties qui s'élèvent sur l'un et l'autre plan, ne conservent aucunes proportions respectives entre elles, pas même de la symétrie. La preuve de cette assertion existe dans les deux plus grands édifices de ce genre, construits à Paris, l'église de Saint-Roch et celle de Saint-Sulpice. Dans l'une, et dans l'autre, les piliers correspondans ne sont point érigés sur le même rayon, d'où suit que les arcades qui composent le fond du chœur sont fort grandes, tandis que celles qui leurs sont opposées et qui construisent les chapelles, sont au contraire peu larges et en plus grand nombre. D'après cette disposition, les voûtes des galleries éprouvent une irrégularité destructive de toute proportion. Nous devons observer qu'il est des temples où les piliers des chapelles, semblables aux précédens, sont établis sur le même axe que ceux du fond du chœur, ensorte que les arcades des chapelles sont les plus grandes, ainsi qu'on le remarque dans l'église de Saint-Jacques-du-Haut-Pas, déja citée, ce qui fait éprouver le même inconvénient dans les voûtes.

Le principe que nous établissons ici, contre les ronds-points dans les plans des temples, est d'une application générale. C'est d'après lui, que tout architecte s'interdira de tracer des galleries circulaires inscrites les unes aux autres. En vain prétendroit-on, contre ce principe, que le génie saura bien franchir les difficultés de pareilles compositions; en vain l'on avanceroit qu'il est possible d'ériger des colonnes sur un cercle inscrit à une muraille aussi circulaire formant gallerie, et seulement enrichie par des bas-reliefs, des niches et des bayes accompagnées de beaux détails. Malgré ces ressources, entre les mains même d'un architecte habile, elles seroient encore insuffisantes pour obtenir quelques effets satisfaisans. Car, je le demande, les voûtes des galleries résultantes d'un tel plan, avec des colonnes, pourront-elles être travaillées par aucun compartiment régulier? Pourroit-on y éviter les divisions choquantes dans le rapprochement de leurs courbures sur les colonnes et en opposition avec leur divergence sur les murs d'enceinte. Il n'y a d'autres ressources, dans ce cas, que de laisser les voûtes nues et sans aucunes sortes d'ornemens. Un simple plafond au lieu de voûte en permet seulement l'application, lorsque les galleries sont composées de colonnes; mais l'expérience la plus exercée sur les proportions austères, que la belle architecture exige dans la composition des plans, prouve l'impossibilité de les obtenir avec des galleries concentriques composées de pieds-droits et d'arcades, au lieu de colonnes.

Telle est la démonstration que nous devions donner des inconvéniens des ronds-points dont les temples modernes sont en plus grand nombre composés à leurs chevets.

Maintenant nous dirons que l'ordonnance des frontispices construits avec différens ordres élevés les uns au-dessus des autres est absolument vicieuse dans les temples. Ce principe particulier tient d'abord à ce qu'un édifice de cette espèce ne doit pas être composé de plusieurs étages qui le diviseroient sur la hauteur; ce qu'annonceroit l'érection de divers ordres. Le second motif, est celui qui veut que toute composition marche progressivement du simple au composé dans une ordonnance quelconque, ensorte que, si les parties extérieures sont grandes et riches, celles de l'intérieur doivent l'emporter en magnificence; mais le module doit en être plus foible. Pour développer cette proposition sur les frontispices, nous allons examiner les différens temples les plus connus, et que la gravure met à portée de consulter; savoir, les temples du Val-de-Grace, des Invalides et de Saint-Sulpice.

Le portail du Val-de-Grace est composé de deux ordres

élevés l'un sur l'autre. Indépendamment des vices qui naissent d'un pareil genre de composition, quant aux effets dont nous avons traité précédemment, et de la disconvenance d'un double rang d'étages dont il donne l'idée ; voici les conséquences qu'il entraîne à l'égard de l'ordonnance intérieure.

Le diamètre de l'ordre colonne du frontispice est de trois pieds, tandis que celui de l'ordre pilastre de la nef et du chœur a trois pieds six pouces. Il est sensible qu'une telle disparité rompt les rapports naturels des parties principales de cet édifice, et porte atteinte à sa perfection.

Le péristile du temple des Invalides, exposition du Levant, est dans le même genre ; mais un ordre corinthien s'y élève immédiatement au-dessus d'un ordre dorique, circonstance particulière qui entraîne dans la façade un défaut plus grand encore, par la dissemblance entre les élémens des proportions respectives de ces mêmes ordres. D'ailleurs, c'est dans ce portail que l'on apperçoit, de la manière la plus ostensible, le vice d'un double rang de croisées et celui d'un double rang de colonnes cumulées, ainsi qu'elles pourroient exister dans la façade d'un bâtiment d'habitation. Il en est d'ailleurs dans cet édifice, entre les ordonnances intérieures et extérieures, comme au Val-de-Grace. Les diamètres des colonnes qui sont employées à l'intérieur de ce temple, sont plus forts que ceux des colonnes du frontispice, d'où suivent les mêmes défauts que nous avons reprochés à celui du Val-de-Grace.

Le portique de Saint-Sulpice, il est vrai, quoique composé de plusieurs ordres cumulés, offre des rapports plus conformes aux principes. L'ordre dorique extérieur a cinq pieds de diamètre, l'ordre corinthien de la nef et du chœur a quatre pieds seulement.

Mais l'effet de l'ordonnance générale est ici inverse de celui qui a lieu dans les deux précédens édifices. A Saint-Sulpice, après avoir admiré les formes du plan, la grandeur, et le relief des ordres du portail, l'on éprouve un resserrement réel dans les idées, à l'aspect de la décoration intérieure de l'église ; l'on s'apperçoit bientôt que cet édifice manque dans l'ensemble de son ordonnance de l'unité, qualité première et principale à observer dans tout ouvrage de goût.

Aux Invalides, et au Val-de-Grace, au contraire, l'ordonnance de leurs frontispices, comme on vient de le dire, est composée de petites parties ; tandis que celle de l'intérieur en offre de très-grandes ; d'où suit une disparité choquante.

L'Église de Sainte-Geneviève, aujourd'hui le Panthéon, est d'un genre conforme aux principes généraux. L'on retrouve dans ce temple l'application en partie des règles omises dans les trois précédens édifices ; aussi les observations suivantes deviendront-elles le complément de nos diverses remarques contre les ronds-points et les portails, avec colonnes cumulées du plus grand nombre de nos temples.

Le frontispice du Panthéon, à l'imitation de ceux des anciens, est composé d'un seul ordre de colonnes corinthiennes, dont le diamètre est de cinq pieds six pouces; tandis que les colonnes des péristiles intérieurs, aussi, corinthiennes, n'ont que trois pieds six pouces (1). Dans le plan, l'on n'y voit point de ces

(1) Saint-Pierre de Rome offre les mêmes différences; l'ordre extérieur est d'un plus grand module que celui de l'intérieur. Les colonnes du portail ont huit pieds trois pouces de diamètre, les pilastres intérieurs sept pieds six pouces.

OEuvre de Larade, Pl. XVI, à Paris, chez Jombert.

formes circulaires telles qu'il en existe aux chevets d'un trop grand nombre d'églises; l'architecte a évidemment cherché à y soutenir la richesse de l'intérieur, d'après celle qu'il avoit admise au dehors. Il existe donc, dans l'ordonnance générale de cet édifice, un système conforme à celui que nous avons adopté, système qui est commun aujourd'hui à tous les architectes familiers avec les modèles que nous devons aux Romains et aux Grecs, sur les temples.

Les observations précédentes nous paroissent suffire pour faire juger la vérité des principes avancés contre les plans circulaires liés avec des plans rectilignes, mais particulièrement lorsqu'ils sont composés de galeries avec des piliers et des arcades. Les mêmes principes établis contre les ordres employés à plusieurs étages dans les frontispices des temples, doivent être également observés.

Désormais l'architecte, qui connoît bien toutes les ressources que les modèles des temples antiques peuvent lui procurer, ne manquera point, dans les constructions de ces édifices qui lui seront confiées, de les tracer dans le même système. La masse principale en sera établie sur un mâle stilobate, soutenu par de larges perrons. Sur ces grandes bases, il dessinera à l'extérieur des péristiles distribués dans l'esprit des diverses espèces de temples des anciens que nous avons décrits d'après leurs vestiges mêmes, mais dont le choix de l'ordonnance sera toujours conforme à la consécration de celui qu'il doit construire. Dans l'intérieur il variera la distribution de son plan par des files de colonnes à l'aide desquelles il pourra obtenir des effets capables de captiver l'attention des connoisseurs.

Ce n'est donc point une vaine promesse, d'annoncer qu'avec les ressources multipliées que nous procurent, les temples anciens et les modernes, dans leur ordonnance et dans leurs constructions différentes, que les architectes, à l'avenir, puissent surpasser les édifices de ce genre, érigés jusqu'alors, dans ceux qu'ils sont dans le cas d'exécuter.

CHAPITRE

CHAPITRE XXXII.

De l'emploi des corniches dans l'intérieur des édifices.

Il est d'autant plus utile d'approfondir cette question, que de nos jours on a vu des personnes qui ont proscrit les corniches dans les ordonnances intérieures, et c'est principalement contre celles mises en œuvre dans les temples modernes qu'ils se sont élevés. Ils ont osé avancer que l'architecture gothique l'emporte, à cet égard, sur l'architecture grecque. Dans les églises gothiques, selon eux, le spectateur découvre, sur-le-champ, les rapports qui existent entre la largeur et la hauteur des nefs, et ceux des mêmes dimensions de leurs galleries, parce qu'aucune projection de corniches n'empêchent de comparer ces grandes parties de l'édifice. Tandis, au contraire, prétendent-ils, que dans les temples construits sur les proportions des ordres grecs, les saillies des entablemens rompent les rapports qui doivent se prononcer avec facilité entre la largeur et la hauteur dans les nefs et dans les galleries ; elles s'opposent, dans la plupart, à ce que l'on apperçoive l'origine des voûtes sur l'ordonnance qu'elles couronnent

Ce système contre les corniches n'est pas nouveau ; il y a plus d'un siècle que Perrault, lorsqu'il traita des salles égyptiennes, avança que « l'usage des corniches étant de défendre les murs et les colonnes des injures du tems, il est certain qu'elles sont inutiles aux lieux qui sont couverts » (1).

Avant de répondre aux déclamateurs que nous avons en vue, nous allons combattre l'opinion de l'illustre écrivain que nous venons de citer; et dans cette lutte, divers monumens de l'antiquité vont nous servir d'appui. Les salles égyptiennes, par exemple, sont composées de deux ordres, l'un élevé à-plomb de l'autre, divisé, selon Vitruve, par une simple architrave, et l'ordonnance entière est couronnée par une corniche. Mais quant aux basiliques antiques, celles qui ont deux ordres également cumulés, comme les salles précédentes, chacun d'eux y est exécuté avec un entablement complet; c'est de la sorte que Vitruve et Palladio nous ont transmis cette espèce d'ordonnance intérieure (2).

Vitruve, sur ce point intéressant, lorsqu'il parle de la suppression de la corniche dans sa basilique de Fano (3), a eu pour motif principal, l'économie, comme il le dit lui-même, et non pas d'établir un principe. Un pareil motif est étranger aux effets que l'on a droit d'attendre d'une décoration dirigée par le goût et le savoir.

Le systême avancé contre l'emploi des corniches dans l'intérieur des édifices, ne seroit pas difficile à adopter par les architectes, s'il ne devoit pas en résulter la plus grande altération dans leurs ordonnances.

Admettons un instant une décoration intérieure, soit dans un

(1) Vitruve, liv. VI, ch. 5, note 8, pag. 205 et 207.

(2) Ibid. liv. V, pag. 142 et 143. — Palladio, liv. III, ch. 19, p. 40.

(3) Vitruve, liv. V, ch. 1, pag. 146.

temple, soit dans tout autre édifice privé de corniches, et jugeons-en le résultat. Les ordres, dans ce cas, ne seroient plus couronnés que par de simples architraves, et surmontés par une voûte (1), ou liés entre eux par de petits arcs, sur lesquels s'élèveroient des murailles plus ou moins enrichies de compartimens, le tout fermé par des voûtes; or, la basilique de Saint-Paul à Rome, dont nous avons parlé dans le cours de cet ouvrage, n'est-elle pas construite dans ce dernier genre? Il est évident que s'il étoit possible d'obtenir quelque beauté de cette manière de décorer, ce ne seroit point à l'architecture gothique qu'il faudroit l'attribuer, mais à l'architecture grecque dénaturée; Saint-Paul à Rome en est la preuve (2).

Les corniches, on le sait, sont des corps saillans, variés dans leurs divisions, leurs formes et leurs projections. L'artiste donc, chargé de constructions publiques ou particulières, qui connoît toutes les ressources de son art, les soumettra à d'heureuses proportions, soit par le nombre des parties, soit par le rapprochement des formes qui se conviennent davantage; c'est à leur aide qu'il établira des masses d'ombre et de lumière qui, habilement combinées, répandront des demies teintes et des reflets entre les diverses saillies, d'où résultera une heureuse harmonie dans les décorations qu'il exécute. Ce sont les corniches qui, déja riches en elles-mêmes, appellent les ornemens les plus variés et les plus piquans que permettent certaines ordonnances.

Nous concluerons en disant que la mal-adresse seule avec laquelle quelques architectes ont employé les entablemens dans l'intérieur de nos temples, sans égard aux réductions que la perspective appelle, sans goût comme sans intelligence, a au-

(1) Vitruve, liv. V, pag. 146.

(2) Temples anciens et modernes, pag. 122. Paris 1774.

torisé, en quelque sorte, les déclamations faites contre des membres de l'architecture les plus remarquables, et ceux qui exigent le plus d'art pour être exécutés avec succès. Enfin, comme l'a dit un auteur judicieux, notre contemporain : « les bons archi« tectes ont toujours posé un entablement sur leurs colonnes » (1).

Maintenant, si le lecteur se rappelle les divers sujets dont nous l'avons occupé jusqu'à présent, il reconnoîtra qu'ils sont tous les plus propres à donner de l'architecture et de la perfection dont elle est susceptible, des idées nettes et précises ; il sembleroit donc que nous n'aurions plus à traiter ici que des règles de la composition ; cependant, avant que d'exposer ces règles, nous devons établir quelques principes généraux sur la construction des édifices.

Nous ne nous dissimulons pas combien cette tâche est difficile et délicate à remplir ; mais inspiré et soutenu par le desir d'être utile aux arts, nous allons l'entreprendre.

(1) Temples anciens et modernes.

CHAPITRE XXXIII.

La nature est le vrai principe de la construction des édifices.

Dans le cours de cet ouvrage nous avons développé comment l'architecture a puisé, dans la nature, les principes des diverses proportions qui la constituent, avantage qu'elle a de commun avec les différens arts de goût; mais si la nature, sous ce rapport, est la source des élémens de cet art, elle est également celle des principes fondamentaux de la construction des édifices de ces merveilleuses machines qui offrent à nos regards les diverses conceptions que le génie a su créer.

Les fabriques nombreuses, en effet, formées par la nature et répandues sur la surface du globe, renferment toutes, dans leur structure, les idées primitives et le modèle de toutes les constructions.

Mais, sans nous livrer à d'innombrables applications en ce genre, quelques-unes de ces fabriques naturelles, soit les rochers ou les montagnes vont nous servir d'exemple. C'est particulièrement dans ces fabriques que se découvre le mystère des forces et des résistances mises en équilibre par la nature. C'est pourquoi, les masses qui les composent sont larges à leurs bases, tandis que, proportionnellement, elles diminuent à leur sommet.

C'EST ensuite de ces grands principes de construction, que les architectes égyptiens, observateurs attentifs, ont érigé ces montagnes artificielles si célèbres, ces pyramides qui ont bravé les attaques de quatre mille siècles. Il importe donc de ne jamais perdre de vue ces principes. Malheur à l'architecte téméraire qui, chargé de constructions importantes, méconnoîtra le principe fondamental que nous indiquons, et voudra franchir la limite tracée par la nature, il s'exposera au plus grand danger; car, de même que le flot de la mer ne peut s'élancer au-delà de la borne qui lui est prescrite, de même tout constructeur ne peut, sans péril, abandonner les éternelles loix que nous rappelons ici.

MALGRÉ ces leçons de la nature, malgré les exemples de constructions que enferment les plus beaux monumens des anciens et des modernes, néanmoins, il est de nos jours des architectes qui se sont écartés de ces loix.

POUR défendre de ces erreurs dans l'art de bâtir, les jeunes architectes pour lesquels nous écrivons principalement; afin de les attacher inviolablement aux grands principes que nous avons développés, je vais exposer les dangers qu'entraîne, après lui, tout nouveau systême dans la construction des édifices.

CHAPITRE XXXIV.

Des dangers et de l'abus de la science du trait dans la construction des édifices.

Des savans distingués ont, dans le cours de ce siècle, établi des formules à l'aide de l'algèbre, applicables à la construction des édifices. Ces découvertes dues aux la Hyre, Parent, Frezier, Belidor et autres, sont venues confirmer la justesse des procédés de bâtir, des anciens architectes, dans les monumens qu'ils avoient érigés.

Il étoit naturel de croire que de telles découvertes multiplieroient les moyens de construction, et ajouteroient encore aux modèles existans. Néanmoins, par une fatalité trop ordinaire dans l'usage des connoissances humaines, l'application immodérée faite de ces nouveaux procédés a d'abord porté un véritable échec dans l'ordonnance de certains édifices, et y a, tout-à-la-fois, jetté des semences de destruction, que mille circonstances peuvent y faire éclorre.

Je rendrai hommage à l'heureuse application de la géométrie, à la coupe des pierres ainsi qu'aux calculs algébriques relatifs aux loix de l'équilibre; mais je ne dissimulerai pas, qu'en général, ce sont plutôt des théories piquantes, que des résultats absolus, pour obtenir une solidité complette dans les édifices. Les recherches auxquelles nous nous livrerons bientôt sur la construction de certains monumens, feront juger la justesse de cette assertion.

Les architectes les plus jaloux d'une véritable gloire, depuis le renouvellement des arts jusqu'à nos jours, se sont livrés aux méditations les plus approfondies sur la construction des édifices anciens ; semblables à ces anatomistes qui, pour bien connaître la structure du corps humain, en étudient toutes les parties, leurs relations et leurs dépendances ; de même, ces architectes ont saisi les rapports par lesquels les forces opposées se font équilibre dans un bâtiment, ils y ont reconnu la connexion des parties entre elles ; et ce travail, tout-à-la-fois, leur a procuré la science d'une géométrie-pratique qui a coopéré au succès de leurs entreprises.

Ainsi, ces artistes, dans les bâtimens qu'ils ont érigés, tels que les temples, les ponts, les palais ont démontré avec quels fruits ils avoient étudié les grands modèles. Mais pour obtenir cette solidité, ils fixoient, avant tout, les proportions nécessaires aux fondations et aux points d'appui, relativement aux masses que les unes et les autres devoient porter. Ils trouvoient ces rapports, dans la distribution des pleins et des vuides, dans les proportions de l'ordonnance elle-même, que le goût leur inspiroit d'admettre dans leurs compositions. Cette admirable correspondance si nécessaire, a été sentie par eux, comme le démontrent leurs différens ouvrages. Ils s'appliquoient encore à bien connoître la nature et l'espèce des matériaux, leur densité et leur légèreté. De la sorte ils parvenoient à en faire une répartition raisonnée ; enfin, ces architectes se livroient tout entiers au travail pénible de la manutention, et défendoient leurs constructions, autant qu'il étoit en leur pouvoir, des négligences redoutables de la main-d'œuvre.

L'expérience

L'expérience a démontré combien ces négligences, dictées par l'intérêt, ou causées par l'ignorance, sont difficiles à vaincre, combien elles sont la source des accidens qui ont lieu dans les édifices; c'est pourquoi, l'active surveillance à cet égard, a valu aux Michel-Ange, aux François Mansard, et à tous ceux qui ont marché sur des traces aussi glorieuses, les dégoûts et les plus grands chagrins (1). Mais, au contraire, des premiers architectes, il existe de nos jours, ainsi que nous l'avons remarqué, certains constructeurs qui, plus exercés dans les sciences mathématiques que dans l'étude des belles proportions de l'architecture; étrangers au génie des arts de goût, se sont livrés principalement à faire usage de théories qui leur étoient familières dans les bâtimens qu'ils ont érigés. Ces innovations, dans la manière de bâtir, ont beaucoup influé contre l'ordonnance des édifices et contre leur structure.

Déja, nous devons l'observer, au seizième siècle, le goût de l'extraordinaire en fait de bâtimens, avoit gagné certains esprits faux, et contre lesquels le célèbre Philibert Delorme s'éleva avec force.

« Il nous faut, dit-il, penser qu'il y a aujourd'hui peu de « vrais architectes, il en est qui se sont arrêtés aux lettres seules « et démonstrations géométriques, ce qui a fait que seulement « ils ont suivi l'ombre de ce beau corps d'architecture, sans « aucunement parvenir à la vraie connoissance de l'art. » Les novateurs du dix-huitième siècle, en fait de construction, méritent bien le même reproche. En effet, si nous portons d'abord un œil attentif sur la nature et l'espèce de la construction des édifices érigés par les architectes qui ont suivi les procédés des

(1) Je puis dire que j'ai éprouvé moi-même, dans la conduite de mes bâtimens, les plus grandes contradictions en ce genre.

anciens, de ceux qui ont posé les premiers principes de l'art des grandes fabriques en bâtimens; on les voit munies de toutes les ressources en solidité; les plus propres à braver les révolutions et les atteintes du tems, et n'ayant néanmoins de masses que celles que le goût et la solidité exigent.

Si l'on fixe ensuite ses regards sur certains monumens construits par des géomètres, l'on y découvre un artifice digne de l'attention de l'observateur; mais à leur aspect on ne peut se défendre d'une sorte d'inquiétude sur les accidens auxquels leur structure peut les exposer, selon le nouveau système que nous réprouvons.

Comme les réflexions qui composent ce chapitre, sont par leur nature du plus grand intérêt, je vais me livrer à des recherches particulières sur deux édifices importans qui ont été construits de nos jours. Je veux dire le nouveau pont de Paris, bâti par Peronnet, et le temple érigé dans la même ville sur les dessins de Soufflot.

CHAPITRE XXXV.

Nouveau pont de Paris construit par Peronnet.

Les idées particulières que nous venons de présenter dans les deux chapitres précédens, deviendront sensibles par l'examen qui va suivre de quelques-uns des édifices qui sont sous nos yeux. Cet examen consistera dans le parallèle des procédés différens de constructions par lesquels existent ces édifices.

Entre le grand nombre de ponts qui existent à Paris, tous bâtis en pierre depuis deux siècles; le Pont-Neuf, le plus ancien d'entre eux, dont Jacques-Androuet Ducerceau (1) jetta les fondations en 1578, l'un des plus beaux ponts de l'Europe, est le monument que nous allons comparer avec celui construit par Peronnet en 1790.

Le Pont-Neuf, remarquable et par sa grande étendue de 170 toises, et par sa largeur extraordinaire de 12 toises, est composé d'arches en plein-ceintre, ayant à leurs profils ou leurs têtes un léger et utile évasement; cette nature de voûte occupe une des

(1) Ducerceau est l'architecte qui donna le dessin de la grande gallerie qu'Henri IV fit ajouter au palais du Louvre, à l'exposition du Midi, et dont ce prince, protecteur des arts, attribua le soubassement aux artistes pour logement, avantage dont ils ont joui jusqu'à nos jours.

premières classes entre celles jugées les plus solides. « Les arcs « les plus forts, dit le grand Blondel, sont ceux qui sont à plein-« ceintre, parce qu'ils portent entièrement sur les piles sans se « pousser les uns les autres » (1). Dans le Pont-Neuf, Ducerceau a su attribuer aux piles une masse capable de résister à la poussée respective de chacun des arcs, et les culées n'ont de principal office qu'au regard des dernières arches. Par suite de ces dispositions, l'on y découvre des formes imposantes imitées des plus beaux ponts de l'antiquité, qui flattent la vue et concourent en même tems à la solidité ; une corniche d'un mâle et beau profil couronne et complette cette noble ordonnance. La construction de ce pont est telle que, si par des causes quelconques, une ou plusieurs arches venoient à en être rompues, toutes les autres pourroient néanmoins subsister ; et dans ce cas, il ne s'agiroit, pour sa conservation, que de rétablir les seules parties détruites. L'effet que nous présumons, selon notre hypothèse, devoir se manifester, se démontreroit aisément par le calcul, si les ruines de plusieurs ponts antiques construits de la sorte, et qui existent encore sur différens fleuves, n'en attestoient point la réalité.

Le pont de Peronnet, composé de cinq arches, le cède beaucoup en longueur et en largeur au précédent. La forme de ses arches consiste en un foible segment de cercle dont la corde est immense. Les piles, à peine le douzième des arches, sont composées avec des colonnes d'une espèce telle que leur application offre, pour ainsi dire, l'aspect de clefs pendantes de certaines voûtes gothiques ; tandis que la figure entière de ce pont, semble embrasser d'un seul trait ondulé, la longueur de cent toises du lit de la Seine à sa sortie de la capitale. Aussi, est-ce dans les culées que toute la force de résistance est établie contre la poussée des arches dont l'effort effraie la pensée.

(1) Cours d'architecture, part. V, ch. 4, seconde édition. Paris 1698.

En vain l'on chercheroit dans l'ordonnance de ce même pont, les formes, les masses d'où dérivent les beaux effets en architecture; en vain l'on espéreroit y trouver quelques détails intéressans. La corniche est d'une composition sauvage, elle n'a point de larmier, partie essentielle de ce membre (1). Pour se convaincre de ce que nous avançons ici, quant aux effets de ce pont, qu'on le considère à quelque distance, placé sur la rive du Midi, à l'aspect du Levant; dans cette situation, l'œil du spectateur s'élançant au-delà, embrasse le canal du fleuve, et va se reposer sur les murailles qui le bordent du côté opposé, ainsi que sur la futaie qui les couronne, et dont il apperçoit tout ensemble et le pied et la cime. Il résulte de là, que le pont, qui est l'objet principal du tableau, est sacrifié aux accessoires et détruit par eux.

Mais ces défauts seront encore plus sensibles, si, pour comparer le pont de Peronnet avec celui de Ducerceau, on se place sur le pont qui leur est intermédiaire. Alors le premier, vu dans l'axe du fleuve, n'offre plus aucune masse, tandis que le second se prononce avec le caractère qui lui est propre dans toutes ses parties.

L'art, sans doute, a, dans cette construction nouvelle, attribué des moyens de solidité; il ne s'agit point ici de jetter, dans l'esprit du public, la plus légère inquiétude à cet égard, nous devons seulement remraquer que dans ce pont, toutes les parties de la construction sont tellement dépendantes les unes des autres,

(1) Elle est imitée du pont d'Auguste à Rimini. Cette omission du larmier, dans sa corniche, est le seul reproche qu'on puisse faire à la belle ordonnance de ce pont antique.
Palladio, liv. III, pag. 22.
François Blondel, pag. 637.

que si par la pensée on conçoit une des arches se rompre, les autres écroulent aussitôt. Or, cet accident, comme nous l'avons remarqué, ne seroit pas à redouter dans la construction du Pont-Neuf. Nous sommes donc bien fondés à conclure que dans l'un, les formes, les proportions de l'ordonnance sont protectrices et concourent à une solidité au-dessus de toute atteinte, tandis que dans l'autre, quoique muni de forces calculées, l'absence des formes y laisse des regrets à l'amateur de la grande manière en architecture, qui appartient aux édifices publics (1).

Je m'interdirai de pousser plus loin mes réflexions sur les ponts; quoique la plupart de ceux qui ont été contruits depuis cinquante années, dans différentes parties de la France, l'ayant été d'après le même systéme de légèreté, ne feroit que confirmer la justesse de mes observations sur celui de Paris. Il faut espérer, pour l'honneur des arts, qu'une pareille mode ne se perpétuera point. A l'avenir, les grands principes et les belles formes qui en sont inséparables seront, après un long exil, réintégrés dans tous leurs droits dans la construction des ponts que le service public exigera de bâtir.

(1) Je ne crains pas d'être démenti par les architectes, en disant que, lors des concours à l'académie, le prix n'eut pas été décerné à un projet fait dans le genre d'ordonnance du nouveau pont de Paris, mais bien à celui du Pont-Neuf ou à la manière des anciens.

Je me rappelle qu'entre les différens prix que je remportai à cette même école, celui que j'obtins en 1773 sur le programme d'un pont à établir au même lieu, en face du palais Bourbon, n'eut pas été accordé à un projet composé avec des formes telles que nous les voyons employées au pont dont il s'agit.

Si l'on consulte le premier des maîtres en architecture, Palladio, l'on reconnoitra que notre manière de juger de l'ordonnance des ponts, est conforme aux grands exemples de ce genre que son œuvre renferme.

Palladio, *lib. III*, *in Venetia* 1570.
François Blondel, liv. I, pag. 629.
Recueil de ponts, par Gautier.

CHAPITRE XXXVI.

Temple élevé dans Paris sur les dessins de Soufflot.

Après le parallèle des deux ponts les plus remarquables qui existent à Paris, nous allons établir celui de deux édifices d'une espèce tout-à-fait différente, mais les plus capables, par l'importance de leur construction, de répandre sur le principe que nous discutons, une lumière utile. Les coupoles des Invalides et du temple de Sainte-Geneviève, érigées dans la même ville, sont les monumens que nous avons en vue. Le premier, comme on le sait, a été érigé dans le dix-septième siècle, et les derniers travaux du second se terminent à la présente époque.

Mais pour les considérer sous le rapport de leur construction, je rappelerai la proposition avancée, que la nature est le vrai principe de la construction des édifices; si donc l'on envisage les moyens par lesquels certaines fabriques naturelles se soutiennent: les rochers, par exemples, quelquefois ouverts par des voûtes, l'on y découvre une quantité de matériaux dont les masses sont proportionnées à la capacité du vuide, ainsi qu'à l'élévation et au poid de ces voûtes. A l'extérieur, l'on y apperçoit de larges empattemens, et dans l'intérieur de véritables encorbellemens; tout, dans ces admirables et vastes machines, devient le type d'après léquel on peut se diriger dans l'application des moyens nécessaires à la solidité des édifices. Ces fabriques, dues à la nature, nous disent d'ailleurs que les plans des bases d'un bâtiment doivent l'emporter en superficie sur celle des plans supérieurs.

Examinons maintenant en quoi les dômes des Invalides et de Sainte-Geneviève, aujourd'hui le Panthéon, se rapprochent ou s'éloignent de ces principes généraux. Nous n'hésiterons pas d'avancer que le premier y est tout-à-fait conforme, tandis que l'autre s'en écarte absolument; ce qu'il s'agit de démontrer.

La coupole des Invalides, considérée au dehors, présente au spectateur des masses larges qui l'accompagnent, et lui procurent des empattemens aussi solides que satisfaisans à la vue. S'il pénètre ensuite dans l'intérieur de l'édifice, alors les formes du plan, les relations entre les pleins et les vuides, fixent le plus son attention; s'il porte successivement sa vue depuis le socle inférieur jusqu'à la deuxième voûte hémisphéroïde qui couronne le tambour du dôme; par-tout il y retrouve les moyens de solidité qu'il avoit apperçus à l'extérieur, et dont l'art a su varier les formes avec le plus grand intérêt. Dans ce temple, les parties solides équivalent, pour ainsi dire, en superficie, les espaces qui leur sont intermédiaires; et c'est sur une telle base que s'élance dans les airs, avec une noble fierté, ce dôme magnifique. Le spectateur satisfait découvre, dans la construction d'un tel édifice, l'imitation frappante des grands procédés de la nature dans ses propres constructions.

La coupole de Sainte-Geneviève, dans son élévation, s'annonce, à l'égard de son ordonnance, avec un appareil imposant par la grandeur de sa masse enrichie d'un péristile; et à l'égard de sa construction, par le concours des quatre grandes branches du plan

plan général de l'édifice, au milieu desquelles on la voit s'élever. Tout, au premier coup-d'œil, répond à l'idée de force nécessaire pour soutenir le grand volume qui compose cette coupole; mais quant à son ordonnance, le défaut d'empattement dans le soubassement la prive d'un effet heureux, et lui dérobe tout-à-la-fois, par cette omission, une partie de sa solidité.

Après que le spectateur a jugé des effets extérieurs de l'architecture de ce temple, s'il va circuler au-dedans, un aspect enchanteur le frappe aussitôt. La distribution générale du plan, les nombreux péristiles qui le composent, la coupole dont le tambour est enrichi de colonnes, couronné par des voûtes où va se perdre la vue; un tel ensemble suspend toutes réflexions étrangères; mais dès qu'il a payé le juste tribut à l'architecture somptueuse de ce vaste édifice, s'il veut se rendre compte sur quelle base repose la coupole, il la cherche en vain, car il n'apperçoit que quatre piliers dont la forme triangulaire de leur plan, arrête à peine son œil étonné (1). Alors le spectateur, se livrant à un froid examen sur l'application des principes éternels de la solidité dans toutes les constructions, l'emploi des masses, il ne le rencontre point ici. L'on a tenté, il est vrai, de surpasser la nature, par la diversité des moyens mis en œuvre pour soutenir ce dôme; nous devons d'abord les faire connoître, et ensuite démontrer leur insuffisance.

Quatre grands arcs qui sont dérobés à la vue s'appuyent sur

(1) Le diamètre du dôme, pris au-dessus des voûtes des nefs, a soixante-trois pieds; la projection des pendentifs qui le portent est de six pieds sur les piliers. La largeur des nefs est de trente-huit pieds, la hauteur soixante-quatorze pieds huit pouces sous clef. Le plan des piliers a quatorze pieds sur chacun des côtés de l'angle droit du triangle, dont la base a vingt pieds. Il faut y ajouter les pilastres, ainsi que les trois colonnes qui se trouvent engagées moins du quart de leur diamètre, qui est de trois pieds six pouces.

les murs d'enceinte, et font le double office suivant : 1°. ces arcs soutiennent les parties droites du premier soubassement du dôme, et quatre foibles segmens du plan circulaire de son péristile extérieur ; 2°. ils contreventent le bas de la tour au droit des pendentifs à l'aide des voûtes intermédiaires liées avec eux, d'où résulte un plateau sur lequel est établi le plan total du dôme et de son péristile; mais il n'en résulte pas moins que les parties en pans coupés du même soubassement extérieur, et plus de la moitié de ce péristile, le tambour, les colonnes intérieures qui lui sont adhérentes, l'attique et les différentes voûtes qui composent cette coupole, ont pour soutiens immédiats les quatre piliers triangulaires de l'intérieur du temple.

Telles sont les différences essentielles qui existent dans la construction des deux coupoles, celle des Invalides et du temple de Sainte-Geneviève.

Je me flatte que ces recherches particulières seront utiles aux jeunes architectes, lorsque dans leurs compositions, ils voudront se livrer à la pompe d'un genre semblable d'ordonnance. Le premier de ces temples, où l'art du trait ne remplit qu'un rôle secondaire dans les voûtes qui unissent les massifs proportionnés sur lesquels repose la coupole, les dirigera sur les règles certaines de la solidité; il les détournera d'avoir recours, pour l'exécution, au vain artifice auquel on s'est livré pour assurer la construction de la coupole du Panthéon. Ces artistes n'oublieront jamais, que tout édifice que fait ériger une grande nation, doit transmettre à la postérité la plus reculée, l'esprit et le goût qui régnoient dans les beaux arts à l'époque de son érection, et ils n'obtiendront de succès que par la solidité qu'ils sauront établir dans toutes les parties des constructions qui seront confiées à leurs talens.

Maintenant, afin de faire sentir d'autant plus la nécessité d'observer les règles immuables fixées par la nature pour la solidité des bâtimens, et tout-à-la-fois les dangers d'une confiance illimitée dans les théories dues aux mathématiques : nous croyons ne pouvoir intéresser d'une manière plus particulière nos lecteurs, qu'en leur rendant un compte détaillé de l'état extraordinaire dans lequel se trouve à cette époque la construction des quatre piliers du dôme du Panthéon François. En conséquence, nous allons traiter des causes de destruction qui y existent, et des effets qui s'y développent, tels que nous les avons constatés progressivement. Nous indiquerons ensuite les remèdes que nous jugeons les plus propres à consolider ce grand édifice.

CHAPITRE XXXVII.

Causes de destruction des supports de la coupole du temple de Soufflot.

Les fastes de l'histoire des arts n'offrent point de circonstances aussi importantes sur le sort d'aucun édifice, ni semblables à celles qui ont lieu aujourd'hui à l'égard du Panthéon à Paris. Dans l'état de détresse où il se trouve, il sollicite à son secours les plus habiles architectes, avec le même besoin, qu'un malade appelle à lui les hommes célèbres dans l'art de guérir, pour obtenir d'eux d'utiles remèdes à ses maux.

Tel est le résultat des efforts qui agissent depuis dix-huit années dans la construction des quatre supports du dôme de ce temple, dont la source première et principale, est l'insuffisance des masses de mâçonnerie qui les composent.

Le mémoire de l'architecte Patte, publié il y a trente ans, contre la foiblesse des piliers de la coupole de la nouvelle église de Sainte-Geneviève, est connu des amateurs des arts; les assertions qu'il renferme y sont appuyées par le parallèle des coupoles les plus importantes qui existent en Europe, et par quelques démonstrations algébriques. Ce mémoire fit alors sensation dans l'esprit du gouvernement, et de l'architecte lui-même de ce temple.

D'après une critique aussi grave, Soufflot employa les mêmes armes pour combattre son adversaire; il soumit d'abord les données des points d'appuis destinés à sa coupole, aux calculs des géomètres les plus habiles, et leur suffisance lui fut assurée par eux : de plus, cet architecte fit lever en Italie et en France, les plans, les coupes et les profils d'un grand nombre de coupoles, entre celles dont les bases offrent le moins de masses au regard du volume de chacune d'elles (1). Cet architecte, sans avoir égard aux différences de son plan, se crut autorisé par ces recherches pour l'exécution des piliers du dôme qu'il devoit ériger et jugea, en les rendant publiques, avoir répondu victorieusement. D'après aussi la ressource des quatre grands arcs de quatre-vingt-dix-huit pieds de diamètre qu'il eut l'idée d'établir sur les murs extérieurs, et dont Patte ne s'étoit pas douté à l'époque de son mémoire; Soufflot plein de confiance traça les derniers plans de son dôme avec de plus son grandes dimensions que celles qu'il avoit adoptées dans ses premiers projets (2).

Malgré les mesures prises par cet artiste, le même critique n'hésita point à produire, dans le public, de nouvelles observations, neuf ans après son premier mémoire; elles sont consignées

(1) Le public doit la collection gravée de ces études intéressantes à Gabriël-Martin Dumont, architecte recommandable par l'amour qu'il portoit à son art et son zèle pour la mémoire de Soufflot, son ami; cet artiste mourut en 1794, dans la quatre-vingtième année de son âge; il dessinoit encore à soixante-dix-huit ans; il est l'auteur des détails des plus intéressantes parties de Saint-Pierre de Rome, et du parallèle des plus belles salles de spectacles; ouvrages utiles et estimés.

(2) La gravure nous a conservé quatre divers projets, et autres que celui exécuté, tracés tous par l'auteur lui-même, et dont le public jouit depuis long-tems.

dans une lettre au duc régnant des Deux-Ponts. Cette lettre contient des détails curieux ; et dans une pareille lutte, les architectes peuvent encore y prendre aujourd'hui un intérêt digne de leur attachement à l'art difficile qu'ils exercent.

Une nouvelle lettre, mais anonyme, parut en juin 1778, époque des derniers tems de la vie de Soufflot. Alors étoient construites les arcades qui lient les piliers, les pendentifs intermédiaires et les quatre grands arcs de quatre-vingt-dix-huit pieds. Un plan y étoit joint, lequel indiquoit les efforts que déja avoient éprouvés ces piliers destinés à porter la coupole, ainsi que les colonnes correspondantes, et engagées dans les murs d'enceinte aux angles de la croix (1).

Les observations étoient justes : d'après elles on se livra à des précautions particulières. L'on ouvrit les joints des tambours des colonnes adhérentes aux piliers du dôme à construire, et ceux des assises des piliers eux-mêmes, afin qu'à l'avenir, d'après les démaigrissemens qui avoient été faits dans leurs lits respectifs, et auxquels on attribua, dès-lors, toutes les causes du mal, les ruptures cessassent dans les paremens ; l'on fit plus, on se livra par suite à de premiers incrustemens, et sur les colonnes, et sur les piliers. Cette opération est la plus remarquable ; aussi a-t-elle attiré, de ma part l'attention que le desir de l'instruction m'inspira.

Les réfections dont il s'agit, remontent au-delà de seize années, à dater de la présente époque. Depuis ce tems, et principalement dès l'existence de la coupole, l'on n'a point cessé de réparer et de rétablir les parties des piliers et des colonnes environnantes

(1) L'on a, depuis 1778, supprimé les vuides qui existoient dans l'épaisseur de ces murs qui sont à l'extérieur, en pans coupés.

où se sont manifestées des ruptures successives; en sorte que l'on pourroit dire que la presque totalité de ces piliers a été reconstruite à diverses fois dans ses paremens. Ce n'a été que vers la fin de janvier 1796 que les ouvriers ont suspendu ce genre de travail, instant où l'état critique des piliers ordonna impérieusement de cesser les incrustemens.

Il suit de ce qui précède, que trois causes ont été la source des accidens dont nous sommes les témoins dans cet édifice. La première et principale, ainsi que nous l'avons dit, est le foible volume du cube des supports; la seconde, les démaigrissemens du lit des assises; mais cette seconde cause n'a été grave que par suite du vice radical du plan des piliers. Une telle proposition est démontrée vraie par l'état de solidité de toutes les parties de cet édifice, où l'épaisseur des murs a rendu nuls les inconvéniens du démaigrissement des lits. La troisième cause consiste dans les incrustemens, dont les suites n'auroient eu aucune conséquence fâcheuse, si les masses de maçonnerie des piliers du dôme eussent été suffisantes (1).

Maintenant, afin de nous convaincre que toutes les tentatives faites jusqu'à ce jour pour la solidité de cette coupole sur ses premiers supports ont avorté, interrogeons la nature : les

(1) Une circonstance particulière m'a récemment (novembre 1796) confirmé dans cette idée. A l'exposition du Levant, au pied de l'avant-corps du chevet à l'extérieur, près le nouveau Perron, l'on a fait un refouillement de vingt pouces de hauteur, ayant douze pouces de profondeur et trois pieds de longueur. Les assises environnantes avoient toutes leurs arrêtes éclatées, les joints extérieurs étoient à peine apparens, mais ceux de l'intérieur très-prononcés, ayant trois à quatre lignes, et tous bien garnis de mortier. Or, les assises, mises à découvert par ces refouillemens, n'offrirent aucunes ruptures diagonales, ainsi que le présageoient les éclats qui couvroient leurs paremens. Différence essentielle de l'état dans lequel sont les assises des piliers du dôme.

signes nombreux de destruction qui se manifestent dans les soutiens de ce dôme, donneront un nouveau jour aux causes que nous venons d'exposer, ils deviendront la plus frappante démonstration de l'insuffisance de leurs masses, dont il faudra convenir.

CHAPITRE XXXVIII.

Effets principaux de destruction.

Pour mettre un certain ordre dans la description suivante, nous examinerons les divers piliers, tels qu'ils se présentent à commencer par celui qui est le premier à droite en entrant par le portail de ce temple.

Ce premier pilier est, ainsi que les trois autres, de forme presque triangulaire, comme on le sait; chacun de ses angles est accompagné d'une colonne qui en fait partie; mais seulement engagée du quart de son plan.

Voici au premier coup-d'œil ce que l'on y apperçoit:

1°. Les fûts des trois colonnes sont fracturés dans toute leur hauteur, et celle placée à l'angle droit du plan triangulaire a, vers sa base, dix tambours détruits aux droits de sa jonction avec le pilier et dont les gravois ont écroulé à son pied. Les deux autres colonnes sont aussi entr'ouvertes au-dessus de leurs bases respectives, leur aspect est effrayant.

2°. Le corps principal de ce pilier, sur la face en pan coupé, partie sur laquelle s'érige l'encorbellement en pendentif du dôme a, son pilastre vers le Sud tranché verticalement en six pieds de longueur dans l'angle commun avec le pan coupé à la hauteur de vingt-quatre pieds environ au-dessus du sol. Ensuite, l'angle obtus formé par le susdit pilastre et celui qui occupe la tête du pilier de ce même côté est également tranché, tandis que les assises intermédiaires aux pilastres dans cette partie du pan coupé, n'indiquent plus qu'une construction qui auroit été faite en simples moëlons. Quant aux deux autres côtés, leur état est masqué par les derniers incrustemens, ils expriment néanmoins diverses désunions (1).

3°. Les plattes-bandes, les entablemens et les lunettes dans les grandes voûtes qui lient les piliers entre eux, toutes parties appartenantes aux différentes nefs, ont éprouvé des mouvemens dans leur appareil, plusieurs éclats de pierre en sont détachés.

Telle est la situation fidèle de ce support de la coupole.

Le pilier suivant, placé sur le point commun au Sud et à l'Est, présente les effets suivans :

1°. Les trois colonnes qui en font partie ont non-seulement des tambours cassés, mais aussi des lézardes nombreuses et pro-

(1) A l'époque du 16 octobre 1796, l'on avoit fait les jours précédens différentes sondes sur les trois paremens de ce pilier, Sud-Ouest. Celle faite sur le milieu du parement, côté du Sud, occupoit les secondes et troisièmes assises au-dessus des bases ou à quatre pieds de hauteur environ. La largeur étoit de quinze pouces, la longueur vingt pouces et la profondeur trois pieds. Je reconnus d'abord que les lits des assises dont une formoit plafond, avoient des joints de trois à quatre lignes sur la gauche et d'une ligne seulement sur la droite, tous remplis de mortier. Ensuite j'apperçus sur le lit de dessous la susdite assise en plafond une rupture diagonale ; indice de désunion dans les parties intérieures.

fondes qui les couvrent dans toute la hauteur de leurs fûts. Celle de l'angle droit du plan est dans un état de destruction prochaine. Le tailloir du chapiteau, et le sommier de celle qui tient à la branche Est, sont rompus ; les claveaux de la platte-bande de ce même côté sont fracturés entre eux, celui distant de dix-huit pouces de la colonne isolée et correspondante, est cassé horisontalement ; d'où l'on peut conclurre que les T seuls adaptés dans les coupes, retiennent les éclats de pierre qui pourroient se détacher de cette même platte-bande.

2°. Ce pilier a éprouvé le même sort que le premier, et ses dernières réfections laissent appercevoir sur ses différentes faces, des fêlures qui annoncent que le principe du mal y subsiste également.

3°. Les lunettes qui existent dans les grandes voûtes ont éprouvé de très-grands efforts; aussi est-ce par elles que l'on a commencé à rétablir les disjonctions survenues dans leurs voussoirs. Ce second pilier ne le cède point au précédent dans son état de détresse.

Le pilier Nord-Est, doit maintenant fixer notre attention.

1°. Les colonnes ont également beaucoup souffert dans ce troisième support du dôme ; le pilastre uni avec la colonne qui occupe l'angle Est, a, l'astragale de son chapiteau, ainsi que son sommier, sillonnés par de fortes lézardes, et celui de la colonne l'est également ; plusieurs claveaux de la platte-bande attenant sont éclatés au droit du sophite.

2°. Le corps de ce pilier est dans un état pareil aux deux premiers, et ses nouveaux incrustemens sont en partie lézardés.

3°. Les entablemens et les lunettes sur ces deux branches, Est et Nord, indiquent des désunions sensibles dans leurs constructions. La grande voûte de la nef Est, vers son axe, présente dans son appareil des mouvemens plus marqués que dans les trois autres voûtes.

Il est évident que ce troisième pilier est dans une situation critique.

Le pilier Nord-Ouest, ou celui à gauche en entrant par le portail, est remarquable comme les précédens.

1°. Les colonnes sont dans l'état d'une destruction prochaine.

2°. Entre les trois faces de ce pilier, deux d'entre elles, l'une au Couchant et l'autre au Nord, sont dans un désordre général, soit dans les parties où existent encore quelques-uns des premiers incrustemens, soit dans celles où en ont été substitués de nouveaux. La face de ce pilier, formant le pan coupé, a ses nouvelles assises en meilleur état dans le bas par suite de ces derniers incrustemens; mais elles sont rompues au droit de la saillie du pilastre formant un angle ouvert avec celui adhérent à la colonne de la branche du Nord; savoir, à douze pieds au-dessus du socle de l'ordre, et les parties supérieures sont fort endommagées.

3°. Les plattes-bandes, les entablemens, les lunettes environnantes manifestent des efforts semblables à ceux que nous avons décrits dans les trois premiers, et plusieurs éclats de pierre se sont détachés dans les plafonds intermédiaires aux colonnes voisines.

CHAPITRE XXXIX.

Observations.

Au milieu des effets différens dont je viens de rendre compte, les observations suivantes se présentent.

La première est la section ou coupure, si l'on peut s'exprimer ainsi, qui s'est opérée entre les trois colonnes de chacun des quatre piliers dont elles font partie, et par suite les déchiremens dans la construction des pilastres adaptés aux deux angles aigus de ces mêmes piliers, et liés avec les colonnes; rupture qui déclare ce qu'à l'avance le raisonnement démontroit aux architectes instruits; savoir, la disposition vicieuse de colonnes ainsi engagées du quart seulement de leur diamètre aux extrémités d'un plan triangulaire.

La deuxième consiste en ce que les huit plattes-bandes qui unissent les piliers du dôme aux colonnes solitaires sur chaque branche des nefs, expriment toutes des mouvemens semblables dans leurs constructions respectives, symptômes frappans d'une même cause, c'est-à-dire, une foiblesse et un froissement presque égaux dans les quatre supports.

La troisième est particulière aux deux piliers du côté de la première nef en entrant par le portail; chacun a deux de ses colonnes cannelées, et néanmoins elles n'ont point éprouvé des efforts extraordinaires à celles sans cannelures, toutes sont également écrasées.

La quatrième tient à la nature de la coupe, ou profil des grandes arcades des nefs, sur lesquelles repose le dôme. Elle est, cette coupe, inverse de celles employées dans les constructions qui existent en ce genre, et les plus conformes aux fins de la solidité. En effet, les arcades qui supportent le dôme du Panthéon, au lieu d'être renforcées par des arcs doubleaux, sont, au contraire, élégies. De là résulte un redent qui nuit à la sagesse de l'ordonnance, contrarie son appareil, et dérobe à ces arcades une force nécessaire. Ce point seul de construction, s'il eût été senti dans les études des coupes, auroit pu conduire à des mesures nouvelles, à celles auxquelles il faut avoir recours aujourd'hui.

Cependant, malgré le reproche que je fais à la coupe de ces quatre arcades, leurs claveaux, les contre-clefs et les clefs qui les construisent, paroissent sains dans leurs appareils considérés dans l'intérieur du plan du dôme. Voici qu'elle en doit être la cause.

Les arcades des nefs qui lient les piliers entre eux, reposent, à la vérité, sur des points qui ont souffert les plus grands efforts; mais ces mêmes arcades d'abord ont éprouvé un affaissement presque égal, sur leurs bases respectives : elles sont d'ailleurs puissamment étrésillonées au droit de leurs reins dans une direction circulaire et horisontale, par les pendentifs intermédiaires à chacune d'elles. Ces pendentifs eux-mêmes sont contre-ventés par des arcs-boutans qui agissent dans une direction diagonale; leurs claveaux ne peuvent donc éprouver aucun écartement. Or, un état aussi fixe dans cette partie des voûtes sur lesquelles repose le dôme, se maintiendra autant que le centre de ses supports, luttera contre le poids, et des pendentifs eux-mêmes, et de la coupole entière.

La cinquième et dernière observation que je doive faire encore, est relative aux quatre grands arcs de quatre-vingt-dix-huit pieds. Deux causes différentes peuvent en compromettre la solidité. La première consiste en ce que les sommiers sur les murs extérieurs sont, en partie, en porte-à-faux sur les plattes-bandes des colonnes engagées dans ces mêmes murs (1).

La seconde consiste en ce que le diamètre de ces grands arcs étant de quatre-vingt-dix-huit pieds, tandis que leur épaisseur n'est que de cinq pieds environ; il en résulte une telle disproportion entre leur épaisseur et leur longueur qu'elle les expose à se tordre, si je puis m'exprimer ainsi. De plus, ces arcs sont soumis à un écartement par la poussée des voûtes intermédiaires qui portent avec eux le soubassement et le péristile extérieurs du dôme.

Le tableau succinct et exact que nous venons de tracer, démontre avec quel effort puissant le poids du dôme entier agit sur ses points d'appui. Je dis le poids entier, car, ainsi que nous l'avons expliqué, le péristile extérieur lui-même repose en plus grande partie sur des voûtes qui exercent une réaction sur les piliers. Les observations précédentes prouvent donc, de la manière la plus convainquante, la nécessité de chercher les moyens que l'art peut offrir pour défendre ce monument d'une ruine totale:

(1) Les pieds des murs sur lesquels reposent ces mêmes arcs, ont éprouvé de nombreuses fractures dans leurs assises, ainsi que l'a constaté la lettre anonyme de 1778, désignées dans le plan par les lettres E. K. Q. X. Pièce que l'on pourra consulter dans notre seconde partie.

en conséquence nous allons traiter de la nature du remède qu'il convient d'employer d'après les données actuelles, et du plan général du Panthéon, et de celui particulier des supports de sa coupole.

CHAPITRE

CHAPITRE XL.

Raisons d'augmenter le volume des supports du dôme.

Il n'en est pas, de nos jours, du Panthéon à Paris, comme aux siècles derniers des temples de Sainte-Marie del Fiore à Florence, et de Saint-Pierre à Rome; il s'agissoit au quinzième siècle, dans la ville qui a été le berceau des arts à leur renaissance, d'ériger, sur des points de construction établis, une coupole qui terminât heureusement un temple qui attendoit depuis long-tems Brunelleschi, pour en être couronné.

Il falloit à Rome, dans le seizième siècle, avant la construction de celle de Saint-Pierre, que Michel-Ange eût déterminé dans les supports de cet édifice, des proportions capables de répondre à la dignité et au succès de son entreprise, et de lui procurer, par une suite nécessaire, la solidité qui manquoit aux constructions précipitées du Bramante. L'état encore dans lequel se trouva cette basilique vers le milieu de ce siècle, étoit tout-à-fait différent de celui actuel du Panthéon à Paris. La coupole de Saint-Pierre en 1742, étoit Lézardée, et les piliers étoient intacts; la coupole du Panthéon, au contraire, se maintient dans un état complet de solidité; mais ses bases écroulent, ce sont ses supports qu'il faut reconstruire.

Sans doute que les destinées de ce dernier monument le défendront de tout projet qui tendroit à réduire aucune des parties de sa coupole, ou à la supprimer toute entière; et de même qu'à Rome, l'on rejetta la proposition de Chiaveri (1) tendante à démolir la coupole de Saint-Pierre, avec le tambour, et de la rebâtir sur un dessin plus simple; de même aussi le gouvernement françois n'admettra aucun projet de suppression ni partielle ni totale de la coupole du Panthéon : ses supports seront consolidés. Détruire est l'ouvrage de l'ignorance et de la barbarie; créer ou conserver les chefs-d'œuvre des arts est le fruit du savoir et du règne des talens.

Jamais, à la vérité, question d'une plus grande importance ne s'est présentée à résoudre en architecture, et dans les moyens de composition, et dans ceux d'exécution; elle est, cette question, absolument dépendante du génie et du goût des beaux arts. Il faut, en effet, en renforçant les piliers de la coupole, conserver l'esprit de l'ordonnance actuelle et n'y point admettre des proportions disparates. Pour remplir cette fin essentielle, il faut toutes les ressources d'un grand talent comme architecte, et l'art du trait ne sera que le méchanisme accessoire entre les mains de l'artiste, lors de l'exécution.

La France n'a point fourni à des frais considérables pendant quarante années dans ce temple magnifique, pour y substituer dans la restauration dont il s'agit, le simple aspect de matériaux soumis à des formes déterminées seulement par la géométrie.

(1) Chiaveri, architecte du roi de Pologne, eut l'audace de présenter un avis aussi extravagant, il fit même un devis sur ses plans, par lequel il prétendit prouver que la dépense seroit foible en employant les matériaux de la démolition de la coupole de Michel-Ange.

Grandeur dans les effets résultans des belles proportions à y faire concourir avec celles déja existantes, solidité à obtenir de ces proportions elles-mêmes : telles sont les grandes difficultés à vaincre.

La question que nous traitons ici déterminera, nous l'espérons, une noble et louable tentative de moyens divers et heureux pour la durée du Panthéon. Selon nous, elle peut devenir l'objet d'un concours qui procureroit le double avantage de faire connoître un nombre d'architectes recommandables par leurs talens, et tout-à-la-fois d'obtenir d'eux, des lumières utiles pour consolider l'un des édifices le plus important qui embellit la capitale.

Les concours, je le sais, ont été dans tous les tems l'occasion de cabales et d'intrigues, où le plus adroit l'a souvent emporté sur le plus habile ; mais si je présente ici l'idée d'un concours, la raison en est particulière comme la circonstance elle-même.

Quoique les calculs d'un grand nombre de gens instruits en mathématiques, que des savans même, ainsi que nous l'avons dit, aient démontré la possibilité de l'exécution du dôme du Panthéon sur ses premiers supports ; quoiqu'il existe encore aujourd'hui des zélateurs ardens pour l'espèce de ces mêmes supports, qui soutiennent que les accidens qui ont lieu dans les piliers de ce dôme, ne proviennent que du démaigrissement des lits de leurs assises, qu'ils peuvent néanmoins subsister dans leurs proportions actuelles. Enfin, quoique différens observateurs prétendent tirer des conséquences en faveur de leur solidité effective, conformément à l'état sain et immobile dans lequel, jusqu'à ce moment, le tambour et la coupole se maintiennent. Nous devons combattre des assertions aussi vicieuses.

Nous dirons d'abord sur la manière de voir des premiers, que les accidens sont tels dans les supports, qu'ils font évanouir leurs flatteuses promesses. Nous inviterons les autres à ne pas perdre de vue les observations que nous avons faites sur le vice de la coupe des arcades qui lient les piliers du dôme. Nous ajouterons ici aux causes que nous avons assignées à l'état sain de ces arcades, la conséquence qui s'en suit à l'égard du tambour pour son immobilité, savoir : la forme circulaire de son plan dont toutes parties sont enchaînées, et par la nature des coupes, et par des armatures de fer nombreuses; une telle immobilité est donc naturelle, et il n'y a point lieu d'en conclure à la solidité des points d'appui de ce tambour.

Observons-le, il n'y a plus dans cet édifice de tassemens, proprement dit, à redouter, mais une continuité de froissemens, en voici les raisons. Les tassemens dans les édifices bien ordonnés ne sont que les résultats de la pression qui s'opère sur les calles posées entre les lits des diverses assises et sur les mortiers, mais dont l'étendue est limitée; tout autre tassement ne provient que du vice du sol ou des fondations. Or, l'on n'a plus ici à en redouter de ces espèces. La nature des effets observés le démontre.

Nous avons dit que les froissemens dans les supports du dôme étoient, au contraire, toujours subsistans. Or, ces effets bien différens des tassemens, résultent de deux causes distinctes. La première naît, ou des vices des matériaux qui sont employés dans les édifices, ou des mal-façons qui s'y rencontrent; la seconde est la disproportion en excès dans les fardeaux à soutenir par les points d'appui d'un bâtiment. Tout froissement dans une construction consiste en une action violente qui tend à la désunion des parties qui en constituent la solidité.

La première des deux causes des froissemens, n'est pas ici complette; car les matériaux employés dans la construction des piliers, sont tous du meilleur choix; le seul démaigrissement des lits, donne quelqu'accès à cette première cause; mais la seconde des causes des froissemens existe toute entière dans les supports du dôme. Examinons donc quels en doivent être les résultats.

Il est constant que le poids du dôme est toujours agissant sur ses bases dont les parties sont déja plus ou moins désunies; il tend donc de plus en plus, eu égard à la nature incompressible de la pierre, à y produire un mouvement par une force de divergence du centre de leurs constructions à ses paremens. Le mouvement que je présage ici n'est pas une simple conjecture, l'expérience qui existe sous nos yeux, en démontre la nécessité. Pour s'en convaincre, que l'on remonte aux premiers effets qui se sont manifestés dans les douze colonnes engagées dans ces mêmes piliers.

Il y a dix-huit ans que des fractures diagonales dans les tambours ont été les premiers signes des grands efforts qu'elles avoient à vaincre. De premières réfections ont été faites, de nouvelles fractures leur ont succédé, selon la continuité des mêmes efforts; mais à la présente époque le galbe de ces colonnes vers le tiers de leur hauteur offre un renflement de six pouces environ, résultat des froissemens et d'une force de divergence qui laisse vuide leur centre, et dès-lors les met à la veille de leur ruine totale.

Or, les procédés mis en œuvre à l'égard de la restauration des colonnes, ont été suivis pour celle des piliers par suite de leur foiblesse particulière, les efforts d'ailleurs qu'ils ont à contenir aujourd'hui, sont accrus de ceux qui ont renversé les douze colonnes qui leur servoient d'éperon; donc il faut s'attendre à les voir éprouver le même sort, leur centre s'entr'ouvrir, et le tout fondre en gravois comme les premières. Et le mouvement terrible que nous présageons, aura lieu dès que les derniers incrustemens de ces piliers seront écrasés et incapables d'assujettir la mâçonnerie intérieure par suite des froissemens déja existans et qui peuvent s'accroître encore; en sorte que, par la dépendance de ces mêmes supports, et avec les voûtes qui contreventent le pied de la tour, et avec les grands arcs de quatre-vingt-dix-huit pieds; alors tout équilibre sera rompu. A ce terme seulement se manifesteront des déchiremens dans la coupole, et dans ce cas, sa chûte sera aussi prochaine que brusque et rapide.

Enfin, nous inviterons nos lecteurs à ne pas perdre de vue que la construction du tambour de ce dôme est à l'inverse de celle des dômes les plus importans que l'on connoisse. Ils ont pu s'en convaincre par le parallèle que nous en avons fait avec celui des Invalides, et que nous pourrions encore faire avec Saint-Pierre de Rome, Saint-Paul de Londres et autres. Dans ceux-ci, les contreforts principaux sont établis à l'extérieur, ils reposent sur des masses qui montent de fond.

Pour ne citer que Saint-Paul de Londres, nous dirons que l'intérieur du tambour de la coupole a le double avantage de s'ériger presqu'à-plomb et sans encorbellement sur ses piliers; il est de plus appuyé par des contreforts extérieurs. Tout est force, tout est puissance pour la solidité du monument. Dans le Panthéon, au contraire, il n'existe de contreforts que dans l'intérieur seulement. J'appelle ainsi les colonnes qui enrichissent son tambour en dedans, lesquelles ont pour base de simples encorbellemens, savoir: les pendentifs.

J'AI dû insister d'autant plus sur les conséquences à redouter de la foiblesse des piliers du Panthéon, que l'on a avancé depuis peu. « Qu'il est prouvé mathématiquement que quand on lais-« seroit éclater tous les paremens des piliers sans les réparer, « le noyau de ces piliers est bien plus que suffisant pour tout « porter. » Malgré une telle assertion, il n'est point d'architectes qui ne conviennent avec moi que les plans de ces piliers, considérés isolément, sont vicieux par leurs formes triangulaires, et dans leur solidité, et dans leur ordonnance. Ici donc, comme les principes le veulent, les défauts dans les proportions ont provoqué les accidens dans la construction.

IL faut, d'après l'état de dépérissement dans lequel nous connoissons les piliers du dôme du Panthéon François, avoir recours à des quantités de masses de mâçonnerie capables, par leur propre poids, de résister puissamment au fardeau qui lutte avec tant d'efforts contre eux. Enfin, il faut aborder la difficulté. Il faut impérieusement en venir à de grandes mesures de solidité dans cet édifice; tous moyens partiels ne seroient que de redoutables et d'inutiles palliatifs, et loin qu'ils consolidassent les soutiens de cette coupole, ils en provoqueroient, au contraire, une plus prochaine ruine.

AINSI, ce ne sera point par la solution de problêmes (1) que l'on parviendra à convaincre le public instruit sur les moyens de solidité nécessaires aux supports du Panthéon; mais seulement par de nouveaux plans dont les cubes en construction auront

(1) La solution des problêmes repose souvent sur des hypothèses vicieuses, d'où suivent les plus grandes méprises, malgré la rigueur et la justesse des calculs. Le Panthéon, soumis à toutes les opérations que les mathématiques offroient, est la preuve de ce que j'avance ici. Il faut donc se défier de toutes les promesses qui n'auroient pas plus de sûreté.

une similitude complette avec ceux de tous les édifices exécutés de ce genre.

Sans doute que l'instant où l'on obtiendra des plans bien arrêtés pour la restauration de ces supports, n'est pas prochain, et que leur exécution est plus éloignée encore. Cependant, il n'y a pas à différer davantage, les circonstances veulent que les moyens provisoires soient déterminés sans délai, afin de suspendre le progrés du mal, et de fixer une immobilité absolue dans la construction actuelle des quatre piliers du dôme.

Au reste, le gouvernement agira dans cette circonstance, comme celui de Rome à l'époque de 1742 dont nous avons déja parlé. L'on recueillit les mémoires différens que présentèrent les architectes, et l'on saisit le point commun qu'ils avoient adopté; savoir, l'établissement de cercles de fer à quoi se réduisoient les seules précautions qu'on dût prendre à l'égard de ce monument; de même, d'après les mémoires que les architectes de France sont dans le cas de produire sur le Panthéon, l'on reconnoîtra si le plus grand nombre veut la reconstruction entière des piliers sur un nouveau plan, ou s'il admettra de foibles accroissemens sur le plan actuel, ou même une simple réfection; telle est la fin qui sera saisie et qui assurera le succès des opérations qui doivent être ordonnées de préférence.

Les idées que je présente ici tendent toutes, comme on le reconnoît, à consolider les bases de la coupole du Panthéon; mais en introduisant dans leur plan de nouvelles parties. Il seroit sans doute préférable de conserver dans son intégrité ce monument. Aussi par suite de cette considération intéressante que j'envisageai d'abord, je méditai les ressources qui pourroient exister, et plusieurs ont paru s'offrir à moi; mais comme il faut éviter toute chance

chance incertaine dans le succès d'une entreprise aussi importante, j'ai abandonné ces ressources flatteuses, quelques fussent leurs attraits. Je me suis livré de préférence aux moyens que les véritables principes admettent, afin d'obtenir le succès desiré.

CHAPITRE XLI.

La construction des édifices, objet essentiel de l'étude de l'architecte.

QUOIQUE l'architecture, comme art libéral, soit sous ce rapport particulier, indépendante en quelque sorte, des entraves que la manutention des édifices entraîne après elle; cependant, il n'est point d'homme instruit qui ne convienne de la justesse des principes généraux que nous avons établis à l'égard de la construction des bâtimens; sur eux repose l'exécution de toute composition en architecture, et l'oubli de ces principes ne rendroit cet art applicable qu'à de simples décorations de théâtre. L'on reconnoîtra également l'utilité des recherches précédentes sur la structure du nouveau pont de Paris, et sur celle du Panthéon; puisqu'il faut, dans tout édifice, le concours, et des porportions pour les effets dans l'ordonnance, et de celles qui appartiennent à la solidité. Nous nous sommes livrés avec d'autant plus de confiance à ce travail, que Peronnet qui a construit l'un de ces monumens, et Soufflot qui a érigé l'autre, n'existent plus. Je me suis interdit, dans cet ouvrage, toutes réflexions critiques sur des édifices dont les auteurs vivent encore. J'ai agi de la sorte afin que l'on ne m'accusât point de partialité. L'amour seul de la perfection de l'art, le desir de rendre mon travail aussi utile qu'il étoit en mon pouvoir, aux élèves qui ont embrassé la noble et pénible carrière de l'architecture; tels sont les motifs qui m'ont inspiré les observations sur les formes du nouveau pont de Paris, et celles relatives à la foiblesse des piliers de la coupole du Panthéon.

Les effets décrits dans les chapitres particuliers à ce dernier édifice ont convaincu, sans doute, les jeunes architectes de la nécessité d'être fidèles observateurs des procédés de construction des anciens, et de se défendre de la doctrine des novateurs dans l'art de bâtir. S'il en étoit parmi ces derniers quelques-uns qui prétendissent qu'il ne faut pas un grand talent pour prodiguer les matériaux dans l'exécution d'un bâtiment; on leur répéteroit qu'il est démontré que les proportions dans l'ordonnance des édifices, sans lesquelles il n'existe point d'architecture, rejettent toute superfluité en ce genre.

L'expérience donc, le plus habile comme le plus sûr des maîtres, qui voit s'évanouir devant elle les théories même les plus positives, l'expérience sera désormais la principale boussole des architectes.

CHAPITRE XLII.

De la cause du petit nombre de chefs - d'œuvre en architecture.

Lorsqu'on réfléchit sur le nombre des ouvrages de peinture, sculpture et architecture, faits depuis la renaissance des arts, on est étonné de la quantité prodigieuse de chefs-d'œuvre dûs aux deux premiers arts, et tout-à-la-fois du peu de morceaux excellens qu'a produit l'architecture. Comment se fait-il que ce dernier art, ait éprouvé cette sorte de défaveur ?

Je dirai, qu'indépendamment des causes particulières qui s'opposent à ce que nous ayons beaucoup d'excellens morceaux en architecture, il en existe encore une distincte, liée à l'essence de l'art. Or, cette cause consiste en ce que l'expérience ne marche point de front dans les études de l'architecture, ainsi qu'elle accompagne constamment le peintre et le statuaire dans tous leurs travaux; démontrons la vérité d'une telle assertion.

J'admets avant tout, dans ceux qui cultivent ces différens arts, les dispositions propres à les exercer avec honneur; notre objet est de considérer seulement les routes particulières qui conduisent au succès, objet de la noble émulation de tout véritable artiste.

Je dirai donc que le peintre, à l'aide de la toile, des couleurs et des modèles, peut réaliser ses conceptions même les plus élevées, se rendre un compte exact par des études particulières du sujet qu'il traite, et s'assurer de la perfection ou des défauts de son tableau; d'où il résulte qu'il peut connoître toute l'étendue de ses forces, comme des qualités qui lui manquent.

De même, le statuaire, soit qu'il modèle la terre, soit qu'il travaille la pierre ou le marbre, peut reconnoître ce qui manque ou ce qui est bien, dans l'exécution de ses compositions. Pour y arriver sûrement, il prélude par des maquettes, des esquisses, des modèles de différentes proportions, de grandeur même égale à celle des morceaux de sculpture en bas-reliefs ou en ronde-bosse qu'il doit exécuter. Il n'a d'autres limites que celles de son génie et de sa capacité.

Tel est l'état des choses dans l'exercice de la peinture et de la sculpture, état qui favorise le succès de ces deux arts. De-là dérive la source féconde des bons tableaux et des belles statues dont nous jouissons.

Il n'en est pas ainsi des moyens qu'emploie l'architecte dans ses compositions. Le dessin est le seul dont il puisse faire usage, pour fixer son opinion sur les qualités de ses ouvrages, les figures qu'il trace des bâtimens qu'il médite, lui indiquent, à la vérité, les dispositions générales des masses et les effets principaux qu'elles doivent produire; mais elles ne peuvent le déterminer absolument sur le terme où existe la perfection qu'il cherche. Les modèles en petit, qu'il tenteroit de faire, s'il étoit assez riche pour réaliser de la sorte toutes ses compositions, ne seroient pour lui que comme les maquettes pour les statuaires, l'exécution seule de l'édifice qu'il projette l'instruiroit efficacement; or, un pareil moyen est impraticable comme modele.

Je ne pense pas que l'on veuille faire valoir contre la thèse que je soutiens, que les architectes ont la ressource des modèles faits en grand lorsqu'ils bâtissent. Sans doute que celui choisi entre ces artistes, pour la construction d'un édifice, ne manquera pas d'employer ce moyen ; mais il ne se permettra de faire de grands modèles que de quelques fragmens de l'ordonnance de son bâtiment, et jamais d'aucune des masses de son plan, soit en tout, soit en partie. Aussi, l'architecte, quelque soit son âge et son talent, comme dessinateur, qui n'a pu se comparer souvent avec lui-même par l'exécution, reste-t-il dans une fluctuation inévitable, lorsqu'il bâtit, qui le fait marcher d'un pas incertain vers le beau dont il a le sentiment, et qu'il cherche à exprimer. Il est constant que dans les édifices mêmes qui ont acquis une juste célébrité, s'il eût été possible après leur exécution, aux architectes habiles qui les ont construits, de faire des corrections à telles, ou telles parties foibles de leur ordonnance, nous eussions eu des monumens plus parfaits. Or, l'on ne peut nier, d'après les définitions précédentes, que les architectes sont privés de l'avantage précieux dont les peintres et les sculpteurs jouissent, de pouvoir corriger à volonté leurs ouvrages.

Nous citerons, à l'appui de ce que nous avançons à ce sujet, la manière dont l'immortel François Mansard envisageoit la perfection de l'architecture. Ce grand homme refusa de bâtir la façade du Louvre, confiée ensuite à Perrault, dans la crainte de ne pas faire un ouvrage digne de lui. Il jugea l'obstacle insurmontable, de pouvoir détruire tout ce qu'il auroit exécuté avec des proportions inférieures à celles dont il étoit capable. Nous sommes donc bien fondés à conclure, que telle est la cause directe de la rareté des édifices parfaitement beaux, et en Italie et en France. Aussi, devons-nous aux architectes, auteurs des monumens dignes de notre admiration, le plus grand tribut de reconnoissance pour les obstacles qu'ils ont su vaincre, et les services signalés qu'ils nous ont rendus.

La question que nous venons de résoudre, est de nature à faire sentir aux architectes novices encore, combien leur réputation est soumise à l'exécution de leurs dessins. Ils jugeront d'autant plus combien il leur importe de se défendre de cet esprit d'erreur, qui leur donneroit une idée trop avantageuse des projets qu'ils composent, et qui n'auroient pas subi la redoutable épreuve de la construction. Une pareille question éclaircie, ne fera que les confirmer sur l'utilité de comparer sans cesse les édifices qu'ils ont sous les yeux; de juger comment la nature s'y explique, quels sont les résultats pour, ou contre les effets dans la distribution des masses, ou dans celle des profils qui les enrichissent. Enfin de l'absolue nécessité de méditer et d'approfondir les rapports particuliers qui existent entre les membres de la construction de ces mêmes édifices; lesquels rapports leur assurent une solidité complette, but principal de l'exécution des monumens.

CHAPITRE XLIII.

De la composition.

Après avoir présenté à nos lecteurs les principes essentiels de l'architecture, les avoir instruit que les monumens anciens nous avoient conservé la véritable nature de cet art, après avoir exposé en quoi consiste le style dont chaque bâtiment est susceptible selon son objet; après, enfin, avoir exercé l'amateur et le jeune architecte à distinguer les différens ordres, à en bien connoître toutes les parties qui les composent, et les avoir familiarisés avec les loix qui appartiennent à leurs dispositions générales et particulières; maintenant donc que nous avons donné toutes les notions élémentaires sur l'architecture, il ne nous reste plus qu'à parler des règles que l'architecte doit observer, lorsqu'il veut se livrer à la composition d'un projet quelconque.

L'on conçoit aisément que l'on ne peut établir en architecture, ainsi que dans les autres arts, des règles nombreuses ni invariables sur la manière de composer; il est évident que la seule connoissance des principes est insuffisante à cette fin. C'est pourquoi, l'architecte capable de grandes et nobles compositions, est celui qui connoît bien les loix établies par le goût et l'expérience; et qui, tout-à-la-fois, est inspiré par le génie propre à l'architecture.

L'invention

L'INVENTION dans cet art, est une conception de masses dont les formes variées sont soumises à des dimensions plus ou moins grandes, exprimées par des lignes droites et circulaires combinées ensemble, ou seulement de l'espèce des unes ou des autres. De ces élémens naissent des plans et des élévations diverses telles que veut les offrir un architecte. L'invention dans l'architecture n'est pas bornée aux seuls bâtimens; elle embrasse toutes les combinaisons de lignes applicables aux différens objets d'utilité; c'est elle aussi qui sait trouver les divers ornemens dont les formes quelconques s'enrichissent; d'où suit que cet art féconde les branches de l'industrie dont le dessin est le fondement.

DANS le cours de cet ouvrage, nous avons dit qu'il falloit plus d'exemples que de préceptes dans les arts de goût; méditer profondément sur les beaux modèles qui existent dans celui d'entre eux que l'on cultive, et beaucoup l'exercer. La nature des choses le veut ainsi. C'est pourquoi nous nous bornerons, dans ce chapitre, qui a pour objet les règles applicables à la composition, à fixer nos lecteurs sur quelques points les plus nécessaires pour les diriger dans le choix, l'admission ou le rejet des procédés qui peuvent favoriser le succès d'une composition, ou lui nuire.

Nous distinguerons deux espèces de règles relatives à la composition en architecture, celles générales et celles particulières.

LES règles générales veulent que l'architecte, lorsqu'il médite un projet, fasse un choix heureux de formes bien prononcées, habilement combinées, symétriques et correspondantes entre elles, toutes soumises à des proportions qui concourent à la solidité de l'édifice qu'il projette. Tels sont les principes d'un bon plan; sur lui seul peuvent naître des élévations capables de produire des effets ou simples ou grands, selon la fin et l'usage de l'édifice ; mais toujours conformes aux loix du goût.

Les règles particulières se subdivisent en trois classes différentes. La première regarde la distribution des masses et celle des pleins et des vuides. La seconde, l'emploi des ordres dans les façades. La troisième a pour objet la proportion des portes et des croisées, ainsi que l'application des détails qui leur appartiennent. S'il faut être inspiré par le génie de l'architecture pour saisir avec succès les règles générales ; il faut avoir beaucoup étudié les monumens les plus estimés, pour mettre en usage les règles particulières.

La première entre les trois règles précédentes consiste à attribuer, à un bâtiment quelconque, un stylobate ou un soubassement, varié dans ses proportions selon sa destination ; c'est elle qui exige de n'employer qu'avec la plus grande réserve, deux rangs de croisées, dans la hauteur d'un ordre mis en œuvre aux édifices de moyenne grandeur. Nous n'entendons parler que des ordres-colonnes, et non pas des ordres-pilastres ; car l'on ne doit jamais employer ceux-ci dans les décorations extérieures, et rarement même dans celles intérieures.

Une telle règle est fondée d'abord, à l'égard des soubassemens, en ce que cette partie est le pied du bâtiment dont les ordres, lorsqu'ils y sont mis en œuvre, forment le corps, tandis que les entablemens et les acrotères peuvent en être regardés comme la tête. Quant à la division en plusieurs étages, avec une ordonnance de colonnes, elle les rejette en général ; 1°. parce qu'ils rompent l'unité dans l'ensemble de l'édifice ; 2°. parce que l'effet des colonnes, dans ce cas, est nul. D'ailleurs, selon la remarque de Perrault « c'est faire servir une colonne à porter deux planchers, supposant qu'elle en soutienne un, par manière de « dire, sur sa tête, et un autre comme pendu à sa ceinture ».

La seconde règle particulière ne permet pas d'employer les ordres dans les bâtimens d'habitation ordinaire et construits avec plusieurs rangs d'étages, ne fussent-ils même adaptés qu'à un seul d'entre eux. La raison de cette règle, indépendamment des convenances qui rejettent tout luxe dans ces sortes de constructions, est déterminée par la nature de leur module dont la foiblesse s'oppose à l'emploi des colonnes, ce qu'il est facile de démontrer. Dans ces sortes de bâtimens les planchers sont peu élevés, tandis que les bayes, soit les portes ou les croisées, y sont d'une plus grande dimension relative que dans les bâtimens d'un grand module; ainsi, d'une part, les colonnes que l'on mettroit en œuvre dans les constructions dont il s'agit, auroient pour axe ceux des trumeaux, qui, malgré le peu de largeur qu'on leur donnât, jointe aux dimensions propres des bayes intermédiaires seroient trop distantes entre elles; et de l'autre part, le peu d'élévation des planchers mettroit obstacle à ce que les colonnes eussent un module proportionné.

Les exemples, cependant, qui contrarient cette seconde règle particulière, et de laquelle dépend tout entier le succès des ordonnances de colonnes, ne sont que trop multipliés dans la capitale. Tels les divers bâtimens construits dans le genre dit *François*, dont nous avons fait sentir les défauts; tels encore un grand nombre de constructions faites de nos jours. La postérité aura peine à concevoir, comment, ensuite de la haute faveur dont a paru jouir l'architecture en France, à plusieurs époques du dix-huitième siècle, et que lui attestera la foule de bâtimens érigés dans son cours, il y en ait néanmoins un si petit nombre qui soit d'une bonne architecture. Ce problême ne sera pas difficile à résoudre, en considérant les mains auxquelles la plupart de ces constructions ont été confiées.

Mais cette seconde règle admet des exceptions dans les bâtimens d'une moyenne grandeur, destinés à l'habitation des personnes distinguées, ou par leurs fonctions, ou par leurs richesses.

Les colonnes seront employées avec succès dans ces sortes d'édifices, si un seul étage les compose, si un seul rang de bayes, de préférence, de forme circulaire, en ouvre les façades, ou si l'espèce du bâtiment permet un moindre nombre de portes et de croisées, quelque soit leur figure, que n'est celui des entre-colonnemens. Les colonnes seront aussi mises en œuvre dans la même espèce de bâtimens quoique composé de deux étages, mais dont le second ne sera qu'un simple attique, en observant de percer les façades des seules bayes que le service exigera. Aussi, est-ce de l'habileté de l'architecte que dépendront les effets heureux que l'on peut obtenir dans ces ordonnances.

Il est encore des exceptions à la règle contre l'emploi des ordres avec un foible module. Nous dirons donc que, dans les belvédères, les laiteries, les orangeries, les grottes, les repos de chasses et les chapelles ou petits temples, que les ordres peuvent y remplir un rôle intéressant.

La troisième règle qu'il nous reste à exposer, regarde l'application des parties de détails appelées chambranles, contre-chambranles, consoles, corniches, etc. parties dont les portes et les croisées, ainsi que les niches, peuvent être enrichies; mais que l'on ne peut admettre indistinctement dans une décoration, soit intérieure, soit extérieure. En général les chambranles, accompagnés de contre-chambranles, ne conviennent qu'aux bayes des grands édifices, et dont les trumeaux intermédiaires favorisent l'emploi par leur étendue ; tandis que les chambranles simples peuvent s'adapter aux portes et aux croisées des bâtimens peu considérables, selon que l'écartement entre leurs axes, est capable de les recevoir avec succès.

L'APPLICATION de cette règle consiste donc à observer des repos nécessaires entre les chambranles des différentes bayes d'un même étage qui en sont enrichis ; et à l'égard des corniches qui les couronnent, il faut des distances convenables entre elles, il faut de plus que ces détails soient conformes aux principes que nous avons établis lorsque nous avons parlé des profils.

POUR déterminer les idées que lon doit prendre sur cette sorte de détails, dont le succès dépend des proportions principales, et tout-à-la-fois du bel ordre des moulures qui les composent ; nous allons en indiquer des exemples que la gravure, pour les édifices étrangers, nous présente, et que la nature elle-même offre à nos regards dans cette capitale, où nous écrivons. Quiconque d'ailleurs a fait quelques études du dessin et de l'architecture, connoît à l'avance les modèles que nous avons en vue et dont nous avons déja parlé.

ROME est la ville qui renferme de nombreux exemples de ce genre ; parce que les architectes les plus célèbres y ont été appelés pour exercer leurs talens, et dès-lors les plus propres à notre instruction. Ainsi, la basilique de Saint-Pierre, dans beaucoup de parties de son intérieur, le Vatican, le palais Farnèse, le Capitole, le château Caprarole, sont des sources utiles par l'espèce et la nature de leurs détails. Les bibliothèques publiques par leurs riches collections, rendent ces recherches faciles à quiconque aura le desir de les connoître.

Mais Paris est l'émule de Rome à cet égard dans ses plus beaux édifices, et pour ne citer que les détails qui sont les plus conformes à la manière des anciens; nous dirons qu'il faut consulter ceux qui sont adaptés à la façade de la cour du Louvre, exposition du Levant, et ceux de son péristile extérieur. La porte Saint-Denis, le palais du Luxembourg, le frontispice du petit temple du Port-Royal; ces différens édifices offrent aussi des modèles en ce genre.

Maintenant pour donner un plus grand poids aux exemples que nous venons d'indiquer, nous devons dire un mot de la nature des détails que contiennent à Rome les bâtimens du Borromini; à Paris, ceux faits à la manière des Oppenort, la Joue, etc. Dans les premiers, les chambranles, les corniches et les accessoires qui accompagnent les bayes quelconques ont des formes anguleuses, les ressaults y sont multipliés, comme on les connoît dans les plans et les élévations qu'ils enrichissent. Dans les seconds, les mêmes détails y sont traités avec la maigreur et la mesquinerie que nous avons reprochées aux masses de cette espèce de bâtimens.

Le parallèle, sans doute, que nous venons de présenter des parties accessoires de l'architecture, telles qu'on les remarque dans les édifices d'un style pur, et dans ceux qui ne sont, au contraire, que capricieux ou barbares même, est bien capable de déterminer le choix que l'on doit faire des détails dans les premiers édifices, et du rejet de ceux qui existent dans les seconds.

Tel est le développement que nous devions donner à la troisième et dernière des règles particulières que l'on doit suivre dans l'application des détails d'une ordonnance bien proportionnée.

Je ne me livrerai point à une plus ample dissertation sur les moyens propres à la composition ; car je le répète encore, les plus puissans consistent à beaucoup observer, comparer et sans cesse méditer les plus célèbres exemples, soit des édifices construits, soit de ceux mêmes qui n'ont été que projettés. J'inviterai particulièrement ici, le jeune architecte, à se familiariser avec l'une des productions du célèbre Piranèse, que nous jugeons la plus capable de nourrir et d'échauffer son imagination ; je veux dire le plan général qu'a dressé cet artiste, du champ de Mars de l'ancienne Rome.

Selon nous, ce plan est un fond inépuisable de formes et de distributions ingénieuses de masses de bâtimens ; on pourroit le regarder comme le dépositaire de toutes les combinaisons en architecture (1). Nous ne cesserons enfin de recommander l'étude des monumens antiques, sources les plus pures où il faille puiser toute instruction sur l'art d'ordonner et construire les bâtimens. Mais pour assurer le fruit de tant de veilles et de travaux pénibles, voici les leçons que nous offrent les grands hommes qui nous ont ouvert dans les arts, le chemin de l'honneur ; ils nous disent que nous devons rechercher la censure dans nos compositions, et avoir le courage de corriger sans cesse (2) ; ils ne

(1) *Campus Martius antiquæ urbis, Romæ* 1762. Ce plan se vend séparément ; il comprend six planches.

(2) .... aimez qu'on vous censure,
Et souple à la raison, corrigez sans murmure.
Boileau, *Art poétique, chant IV.*

veulent point que de basses jalousies dégradent le noble caractère d'un artiste habile (1), ils exigent encore, et plus particulièrement de l'architecte, dont l'exercice du talent repose tout entier sur la confiance de ceux qui l'emploient de faire une application sage et loyale de leurs deniers ; ils lui ordonnent de ne point s'avilir par un amour sordide du gain, d'être, à cet égard, d'autant plus sévère envers lui-même, que sa conscience est le seul vengeur de ses torts s'il se rend coupable (2).

(1) Fuyez sur-tout, fuyez ces basses jalousies,
Des vulgaires esprits malignes phrénésies.

(2) Ne vous flétrissez point par un vice si bas.
BOILEAU, *Art poétique*, chant IV.

CHAPITRE

CHAPITRE XLIV.

Conclusion.

Si les principes généraux et particuliers de l'architecture que nous avons établis dans le cours de cet ouvrage, appuyés par les exemples des monumens les plus estimés, se gravent bien dans la mémoire de mes lecteurs, si l'homme d'état, l'administrateur se familiarisent avec eux, les fruits les plus heureux en résulteront pour le gouvernement.

D'abord la conservation de la supériorité de l'industrie françoise dans les objets de commerce qui sont soumis à des formes dépendantes des arts de goût, d'où suit une prépondérance soutenue de ces mêmes objets chez l'étranger.

D'ailleurs, les nouveaux bâtimens, et publics, et particuliers, conserveront le genre des beaux antiques, avec le caractère et le style propres à chacun d'eux, une solidité sagement répartie s'y prononcera également dans toutes leurs constructions. Par ce moyen la France continuera, d'une part, à jouir de ces divers avantages, tandis que, de l'autre, l'étranger instruit et curieux aura toujours le même empressement de visiter des lieux vraiment utiles pour lui à connoître.

Jamais, à la vérité, les arts n'ont éprouvé de plus violentes secousses que celles dont nous sommes les témoins, et l'architecture y a été soumise particulièrement. Aussi, depuis sept années, au milieu des plus grandes dépenses faites pour les bâtimens publics, il n'a rien été exécuté de grand et de durable; mais, pour me servir de la pensée d'un ancien : « que pouvoit-on faire de bien dans un tems si malheureux pour notre triste patrie? (1) dans un tems où, l'Europe infortunée, gémit sous le poids de la colère des dieux » (2). Hélas! pourquoi les peuples qui l'habitent, se sont-ils livrés à de redoutables chimères? Toujours les hommes seront les victimes des erreurs et des passions de ceux qui les gouvernent. Cependant la paix succédant à tant d'horreurs, fera sortir les arts de leur léthargie actuelle, toutes leurs branches seront ravivées par un bon gouvernement. La charlatanerie, cette lâche imposture, qui infecte toute société chez laquelle les sciences et les arts sont sur leur déclin, la charlatanerie verra son masque tomber. Et pour me renfermer ici dans l'objet particulier que j'ai traité, je dirai, à l'égard de l'architecture, que l'autorité publique à l'avenir se défendra pour la conduite des bâtimens, de tout choix léger fait d'après l'impulsion de prôneurs ignorans ou intéressés. Ce sera seulement sur des preuves acquises d'un vrai talent, comme architecte, que les travaux publics seront obtenus. Une telle mesure alimentera une noble émulation dans cette classe d'artistes, elle assurera le succès des grandes entreprises du gouvernement et un heureux emploi des fonds de l'état.

(1) *Nam neque nos agere hoc patriaï tempore iniquo*
Possumus æquo animo :
Titi Lucretii Cari, *De Rerum naturâ, lib. I, vers.* 42 *et* 43.

(2) *Europa infelix! nam quæ te sæva deorum*
Tam gravibus premit ira malis.
L'aurore Boréale du P. Nocetti, imprimé à Rome.

Sans prétendre avoir fourni à toutes les conditions capables d'intéresser mes lecteurs sur une matière aussi abondante, je me flatte d'avoir démontré les avantages principaux que l'on peut obtenir de l'architecture sous le double rapport de l'utile et de l'agréable; utile par les secours variés qu'elle nous procure: vérité reconnue, agréable par les plaisirs qu'elle fait éprouver à ceux qui, l'ayant cultivé, jouissent des productions de cet art. Or, ces plaisirs sont absolument semblables à ceux que l'on trouve dans la connoissance de la peinture, de la poésie et de l'éloquence, dont les principes généraux sont communs avec l'architecture.

Entre le grand nombre d'écrivains distingués qui ont admis des principes communs aux arts de goût, et que j'ai développé dans le cours de cet ouvrage, il n'en est pas qui aient reconnu avec plus de justesse et de succès que Montesquieu, les impressions causées dans notre ame par l'architecture. En effet, avec quelle finesse ce grand homme, tout livré qu'il étoit aux sciences les plus abstraites; avec quelle habileté, dis-je, il sonde la source et le principe des sensations délicieuses que nous devons à cet art! En sorte que tout esprit exact et délicat saisit aisément des démonstrations aussi précises et aussi intéressantes. Je dirai donc avec fondement à tout détracteur insensible à l'harmonie de l'architecture, « qu'il est sans entrailles, qu'il est né en l'absence des grâces, et sous un astre sinistre » (1).

(1) Gresset, Discours sur l'Harmonie, tom. II, pag. 14. Londres 1748.

FIN DE LA PREMIÈRE PARTIE.

TABLE

DES CHAPITRES

CONTENUS DANS CETTE PREMIERE PARTIE.

Fin de la Table des Chapitres.

Achevé d'imprimer le 21 mars 1797.

ERRATA.

Page 32, ligne 27, hémicyde, *lisez* hémicyle ou hémicycle.
42, ligne 19, faire grandes choses, *lisez* de grandes choses.
51, ligne 13, le péristicle, *lisez* le péristile.
Id. ligne 17, au pavillon, *lisez* aux pavillons.
52, ligne 24 de la note, un, *lisez* une.
64, ligne 3, les dimentions, *lisez* les dimensions.
75, ligne 13, gothiques répand, *lisez* gothiques répandent.
88, ligne 22, es, *lisez* les.
93, ligne 6, jouissoiert, *lisez* jouissoient.
100, ligne 8, le module, *lisez* le diamètre.
101, ligne 9, des trumeaux dans le tambour du dôme sont, *lisez* les trumeaux dans le tambour du dôme qui sont.
115, ligne 4, pas éclairé, *lisez* pas éclairci.
125, ligne 15, et cinq et demi, *lisez* cinq et demi.
135, ligne 8, placer ici ma, *lisez* placer ici une.
150, ligne 15, qu'il a subis, *lisez* qu'il a subi.
173, ligne 15 et 16, aux du, *lisez* aux yeux du.
Idem, ligne 16 et 17, de l'artiste yeux, *lisez* de l'artiste à ces.
190, note (1), de larade, *lisez* de tarade.
198, ligne 13, enferment, *lisez* renferment.
228, ligne 9, parties, *lisez* les parties.
236, ligne 11, de l'architecture, *lisez* de l'architecte.

www.ingramcontent.com/pod-product-compliance
Ingram Content Group UK Ltd.
Pitfield, Milton Keynes, MK11 3LW, UK
UKHW022010170726
13837UKWH00001B/103